中华孝史 第三卷

孝道百家

侯书议 主编

陕西新华出版传媒集团
陕西科学技术出版社
—— 西安 ——

图书在版编目（CIP）数据

孝道百家／侯书议主编．—西安：陕西科学技术出版社，2021.3
（中华孝史）
ISBN 978-7-5369-7972-7

Ⅰ．①孝… Ⅱ．①侯… Ⅲ．①孝—文化研究—中国Ⅳ．①B823.1

中国版本图书馆CIP数据核字（2020）第238089号

中华孝史（第三卷）——孝道百家
侯书议 主编

出 版 人 崔 斌
策划编辑 李 栋
责任编辑 赵文欣
封面设计 赵晨晧

出版者 陕西新华出版传媒集团 陕西科学技术出版社
西安市曲江新区登高路1388号陕西新华出版传媒产业大厦B座
电话（029）81205187 传真（029）81205155 邮编 710061
http://www.snstp.com
发行者 陕西新华出版传媒集团 陕西科学技术出版社
电话（029）81205180 81206809
印 刷 陕西金和印务有限公司
规 格 720mm×1000mm 1/16
印 张 10
字 数 86千
版 次 2021年3月第1版
印 次 2021年3月第1次印刷
书 号 ISBN 978-7-5369-7972-7
定 价 58.00元

目录

殷商甲骨文和钟鼎文中的“孝”

殷商多祭祀，日月山河、风雨雷电、人神鬼畜等，皆成为祭祀的对象，可以说，祭祀成为殷商时期文化的底色，而甲骨文则成为这种祭祀文化的载体。

甲骨文中的“孝”字即是祭祀鬼神的一种礼仪。

甲骨文“孝”字画为形，上像“草”字形，下像“子”字形。为什么“孝”字最初被造成这个形状呢？这恐怕与当时的祭祀习俗有关系。殷商祭祀品的种类很多，诸如猪马牛羊、五谷杂粮以及人牲等，而“孝”字的最初构形与一种祭祀品有关，那就是用植物（比如草）扎成的祭祀品。

《老子》和《庄子·天运》两书中皆有关于刍狗的记载。庄子说：“夫刍狗之未陈也，盛以箧衍，巾以文绣，尸祝齐戒以将之。”

甲骨文“孝”字，见孙海波编撰《甲骨文编》。

用草扎成的狗，在祭祀之前要用精美的绣巾覆盖着并装进竹箱，而主持祭祀的尸祝（祭祀时主持祝告的人）斋戒之后将它虔诚地送到祭坛上。

由此可以证明甲骨文“孝”字构形的意义所在。

观甲骨文“孝”字形，正像尸祝双手举着植物扎成的祭祀品，非常恭敬地进行着敬献于神鬼的祭祀礼仪。这也是孝字最初的字义。

甲骨文之后，产生于周代的金文（又称钟鼎文，因铸刻在青铜器的钟或鼎上，故称钟鼎文）则延续了最初的孝字义。钟鼎文“孝”字为或形，前者孝字下部是“人”字，后者为“食”字。从字形看，“孝”字本义是用食物或用手捧祭品奉敬有德行先祖、先公先王或亡父亡母。

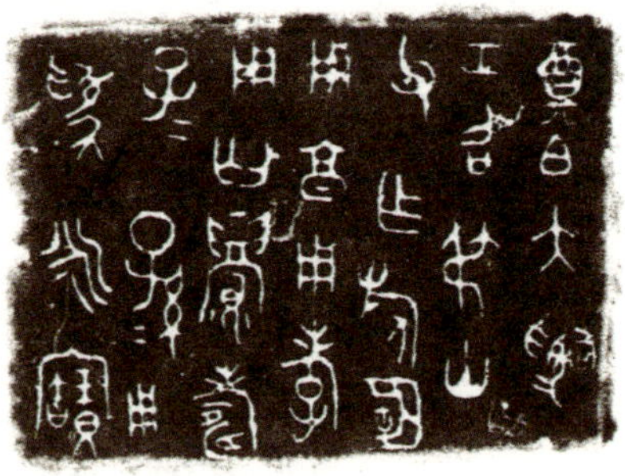

春秋《召叔山父簠》铭文拓片上的“孝”字，铭文记载“用享用孝”一词连用。

同时，从钟鼎铭文中也可以看出，“孝”字的用语习惯多是“享孝”“追孝”，或“用享用孝”“以孝以享”等享、孝连用。享有敬献义，许慎说：“亯（享），献也。从高省，曰象进孰物形。《孝经》曰：‘祭则鬼享之。’”引申之，享就是用祭品献于神鬼祖先。享又有孝义，《尔雅·释诂》云：“享，孝也。”马瑞辰在《毛诗传笺通释》中说：“孝、享二字同义，故享祀亦曰孝祀。”

①《伯梁其盨》，1940年2月出土于陕西扶风县法门寺任家村西周铜器窖藏群。

故此，享、孝连用，表明孝字本义为“祭祀”“敬献”。“孝”字作祭祀义从出土文物中也可以得到实证。

如西周祭祀礼器《伯梁其盨》①铭文记载：

白（伯）梁其作旅盨，用享用孝，用匄眉寿多福，畯臣天子万年唯极，子子孙孙永宝用。

“用享用孝”（祭祀）的对象就是神祖，“用享用孝”神祖的目的就是祈祷神祖保佑后代子子孙孙多寿多福。

②《善夫梁其簋》，1940年2月出土于陕西扶风县法门寺任家村西周铜器窖藏。

又《善夫梁其簋》②铭文记载：

善（膳）夫梁其乍（作）朕皇考惠中（仲）、皇母惠尊簋，用追亯（享）孝，用匄眉寿……（寿）无彊（疆），百字（子）千孙，子子孙孙，永宝用亯（享）。

“用追享孝”与“用享用孝”同义，都是祭祀已逝先祖的祭祀礼仪的一种。

除享孝连用之外，还有“孝”与“追”字连用的记载。

如周宣王时代的祭祀礼器《颂鼎》铭文记载：

用乍朕皇考龏吊（叔）皇母始（姒）尊鼎，用追孝，蕲匄康虔、屯右（纯佑）、通禄永令。

又周孝王时期的祭祀礼器《几父壶》铭文记载：

乍（作）朕剌（烈）皇考尊壶，几父用追孝，其万年子子孙孙永宝用。

《颂鼎》和《几父壶》的铭文词组是“用追孝”，“用追孝”也是“孝祀”之一种。

此外，西周礼器《井南白簋》《仲枏父簋》《仲枏父鬲》《仲师父鼎》《王孙钟》等，都有用享用孝、用享以孝、用追孝等词组，通过这些实证，可以得出以下结论：

其一，孝起源于祖先崇拜，孝是孝祀（祭祀），是直系亲属或家族内祭祀祖先的重要祭祀礼仪。

其二，孝多用在已逝者身上。

此后，孝字发生字义流转，从“敬献”义转借为“孝道”“孝顺”义，“孝”字也被解构为从老省（象征着老人），从子（象征着晚辈），释义为“子承老也”。

至于何时出现的“孝道”“孝顺”义，大抵在西周时期就已经出现。

周公旦与他的时代

殷商灭国，西周建立。“孝”作为“社会养老”的功能，第一次登上历史的舞台。

导致这一现象的历史原因，则不妨看作是东夷、西羌民族融合之下，催生的产物。

《史记·封禅书》上说：

昔三代之居，皆在河、洛之间。

“三代”指夏、商、周三个不同的氏族部落。在公元前2100年前后，黄帝后裔的夏氏部族定居在中原地区河、洛一带并建立夏王朝，标志着我国历史已经来到文明时代。当东夷人从游牧民族历经多次迁徙，从河南东部渗入到河南中部定居，继承初期文明的时候，文化的发展初具雏形。而定居民族作为强势文化的代表，优于游牧民族。

这个时期，活动于渭水流域的本是西戎的一支羌人来了，他们击败了东夷商族，建立了周朝。但周朝人深知，他们击败的仅仅是商族部落的肉体，没有击垮的是这个部族拥有的文明与文化。从一个小事件可以看出来，西周政权建立的时候，周公旦向周天子建议说，商虽灭，但那里的人民的精神还在，如果用我们这个新来的部族来统治他们这个部族是不会取得安定的。

那么，会有什么好办法吗？有。

周公旦和姜尚建议周天子，要册封殷商纣王的儿子和旧部大臣继续治理他们的封地。

这意味着什么呢？这意味着西羌承认了东夷商族的文明和文化的先进。他们接受这一事实的时候，即在向先进文化学习。当周公旦平定以纣王之子武庚为首的"三监之乱"后，周公旦意识到问题的严重性——对于治理殷商遗民"以暴制暴"是不可行的。

《三才图会——周公像》，明代王圻、王思义绘。周公，姓姬，名旦，周文王姬昌第四子，因其采邑在周，爵为上公，故称周公。《尚书·大传》概括为："一年救乱，二年克殷，三年践奄，四年建侯卫，五年营成周，六年制礼乐，七年致政成王。""礼乐"制度的形成对中国封建社会产生了极大的影响，为周统治奠定了坚实的基础。

司马迁《史记·鲁周公世家第三》上这样写道：

管、蔡、武庚等果率淮夷而反。周公乃奉成王命，兴师东伐，作大诰。遂诛管叔，杀武庚，放蔡叔。收殷馀民，以封康叔于卫，封微子于宋，以奉殷祀。

意思是还要尊重殷商遗民的风俗与礼仪，这样才能稳定民心，发展经济。于是周公制礼作乐，使其成为一套有章可循、有法可依的系统性宗法制度。孔子说过：“周因于殷礼，所损益可知也。”[①]意思是，周公旦的“礼乐制度”既有继承（殷商祭祀为主的制度），又有发展（加入了周族的风俗习惯和典章制度）。

周代“孝”[②]文化就是在这种大背景下诞生的——对甲骨文“孝”字字义有继承，又有发展。

当是时，殷商民族以定居姿态总结出：生命的长短，决定着知识、经验与技能的多寡。作为年少者或晚辈，必然孝敬、尊敬老者或长者，才能从他们那里获得或换取知识、经验与技能。显然，“孝”成为传播劳动技能和生产经验的载体。

善于学习的西羌周族立即意识到，这是发展、壮大自己民族部落的有力武器——只有尊敬那些有社会经验的长者、老者和智者，他们才能口传和身授知识、经验与技能。经济发展上去了，人民安居乐业了，周族部落才能长久地统治中原地区。

一旦认识到这个问题的重要性，周族政权随即将“孝”作为“社会养老”的职能提升到法律、典章的层面。如果说，商民族是自发性的孝祖敬老，则周民族是制度性的孝祖养老。

反映西周政权的社会制度与文化的典籍《礼记·王制》

①出自《论语·为政》。

②周代初期，“孝”的字义发生了流转，从甲骨文“孝”用作“祭祀祖先”，到周公旦制礼作乐之后，“孝”作为典章制度的“社会养老”价值被施行，这为周族政权的稳定、经济的发展起到了关键性的铺垫。

四川省彭州市出土的汉代画像砖上的养老图

中记载：

凡养老，有虞氏以燕礼，夏后氏以飨礼，殷人以食礼，周人修而兼用之。五十养于乡，六十养于国，七十养于学，达于诸侯……周人养国老于东胶，养庶老于虞庠。

所谓“国老”是指封建统治阶级的贵族，所谓“庶老”就是庶民中学识渊博、技能娴熟的德高望重者。这样的老者，到了法律规定的退休年龄之后，要把他们养老于“官学”，也就是政府开办的各级学校里。

“养老”于“官学”的目的，就是这些老者要传授他们的知识与技能。既达到教化于民，又保证了知识与技能的传播与延续。

同时，养老的终极目的是纯化民风，提倡尊亲重孝之道，正如《礼记·王制》所言：

养耆老以致孝，恤孤独以逮不足。

六十曰耆，七十曰老。此外还包括那些德行高尚、受人尊崇、拥有农业生产技能和经验的老人。

编纂于清代的《古今图书集成·礼仪典·养老部》对周代的养老制度进行了较为详细的阐述：

王者之养老，所以教天下之孝也。而必于学者，学，所以明人伦也。人伦莫先于孝悌。人君致孝悌于其亲长，下之人无由以见也，故于学校之中行养老之礼，使（庶民）得于听闻观感。一礼之行，所费者饮食之微，而所致者治效之大也。

可以说，周公旦制礼作乐，拓展了“孝”的文化与内涵，对“孝”的发展与延伸，产生了深远的影响。周公旦也因此成为儒家孝文化的先驱者。

儒家学派奠基者

孔子在《论语·述而》中说："甚矣吾衰也！久矣吾不复梦见周公。"这是孔子晚年的一段话。大意是，由于身体的衰老，很久没有梦见周公了。为什么要梦见周公呢？原因就是孔子倍加推崇周公旦。

孔子的一生如果说是在创立儒学，不如说，他一生都在恢复礼乐制度，即"克己复礼"，并由"克己复礼"的思考而创立了儒家学说。换句话说，孔子一生的事业都是在践行"克己复礼"，儒学只是他的副业。

据《论语·颜渊》记载：

颜渊问仁。子曰："克己复礼为仁。一日克己复礼，天下归仁焉。为仁由己，而由人乎哉？"颜渊曰："请问其目。"子曰："非礼勿视，非礼勿听，非礼勿言，非礼勿动。"颜渊曰："回虽不敏，请事斯语矣。"

"克己复礼"，克己就是约束自己，复礼即恢复周礼。周礼者，即周公旦提出的礼乐制度，礼乐制度即以宗法制度为核心的政治理论和社会伦理相融合的产物。

礼乐从道德伦理教化出发，终至社会和谐有序。礼乐制度的核心就是祭祀。祭祀的规格是有分别的，比如用牲用器，用舞用乐，因高低贵贱而各有不同，正如“天子祭天地，诸侯祭社稷”，这样才符合礼。

祭祀的目的是什么呢？答案就是教化。诚如《诗经·周南·关雎序》所言：“美教化，移风俗。”

《礼记·祭统》中说得明白：

夫祭之为物大矣，其兴物备矣，顺以备者也，其教之本与？是故君子之教也，外则教之以尊其君长，内则教之以孝于其亲。是故明君在上，则诸臣服从。崇事宗庙社稷，则子孙顺孝。尽其道端其义而教生焉。是故君子之事君也，必身行之。所不安于上，则不以使下；所恶于下，则不以事上。非诸人，行诸己，非教之道也。是故君子之教也，必由其本。顺之至也，祭其是与？故曰：“祭者教之本也已。”

“祭者教之本也已”的意思就是祭祀是教化之根本，周公旦正是因为非常重视通过祭祀达到教化的目的，而制礼作乐。

《礼记·礼运》记载：

祭帝于郊，所以定天位也；祀社于国，所以列地利也；祖庙，所以本仁也；山川，所以傧鬼神也；五祀[1]，所以本事也……故礼行于郊，而百神受职焉；礼行于社，而百货可极焉；礼行于祖庙，而孝慈服焉；礼行于五祀，而正法则焉。

① 五祀，指户、灶、中霤、门、行。

由此可以看出，孝，起源于祭礼，且祭祀的是祖先或父辈，它体现的是血缘宗族关系。《礼记·效特牲》上说："万物本乎天，人本乎祖。"体现的正是敬天尊祖的观念。以祭祀达到孝祖敬宗，又反其道而教化子孙顺孝，即前文所引述的"崇事宗庙社稷，则子孙顺孝"。

一言以蔽之，祭祀行使教化"孝"的目的，进而达到礼乐之治。

《尚书·无逸》记载周公旦的话说：

鸣呼！君子所，其无逸。先知稼穑之艰难，乃逸，则知小人之依。相小人，厥父母勤劳稼穑，厥子乃不知稼穑之艰难，乃逸乃谚。既诞，否则侮厥父母曰："昔之人无闻知。"

《周公营造洛邑》雕像。在洛邑（今洛阳），周公旦制礼作乐，礼强调的是长幼尊卑之别，乐强调的是和，即"亲亲"的意思，《诗·小雅·伐木序》："亲亲以睦友，友贤不弃，不遗故旧，则民德归厚矣。"其中尊亲重孝成为其核心条件之一。

这段话的大意是说，长辈或

者父辈们耕种的辛劳，作为晚辈或子孙的却不知之，而只会贪图安逸享受，并挖苦长辈或老者：“你们老年人，什么也不懂。”（昔之人无闻知）如此不敬之语，被视为不孝之举。

对于不孝的人怎么办呢？据《尚书·康诰》记载：

封，元恶大憝，矧惟不孝不友。子弗祗服厥父事，大伤厥考心；于父不能字厥子，乃疾厥子。于弟弗念天显，乃弗克恭厥兄；兄亦不念鞠子哀，大不友于弟。惟吊兹，不于我政人得罪，天惟与我民彝大泯乱，曰：“乃其速由文王作罚，刑兹无赦。”

这段记述表明不孝不友（兄弟不相敬爱）被视为元恶、大恶。对于提出“明德慎罚”（即以道德教育为主，减少刑罚）的周公旦而言，对于这种不孝不友的人还是建议入刑的，所谓“刑兹无赦”。可见，在周代，不孝不友的行为不但触犯法律，而且还是大逆不道之罪。

而周代之所以如此维护孝祖敬宗（主要体现在祭祀），意义有两个：

其一，孝祖敬宗是维护社会安宁、凝聚人心的重要手段之一，只有小家和睦了，才有国家和社会的安稳。

其二，传统的农耕经济对于古人而言，是一项技术性较强的工作，在从事农业生产的过程中，只有通过日积月累这一途径，才能获取劳动技能和生产经验。无疑，长辈或父辈在时间的历练下掌握了劳动技能和生产经验，传承则是长辈传于晚辈，父辈传于子孙，家族（血缘）传承是劳动技能和经验的主要传播方式，因此，孝祖敬宗成为传统农业文明的重要特征。

这是周公旦的伟大之处，故而，“有孝有德”不但是周代统治者维持统治的政治基础，也是后世所遵循的伦理道德定律。

西汉名士贾谊在《新书·礼容下》中说道：“文王（周公旦）有大德而功未就，武王有大功而治未成，周公集大德大功大治于一身。孔子之前，黄帝之后，于中国有大关系者，周公一人而已。”终孔子一生，他奉行的都是周公旦的礼乐制度，并由礼乐制度引申开来，提出了儒家核心学说六德、六行和六艺①。其中六行之一便是孝，孝也是儒家核心学说之一。

总之，周公旦的礼乐制度就是一种有序、有别的社会状态，这种礼乐制度也成就了儒家学说，并影响了后世几千年。那么，顺理成章，周公旦也成了儒家学派的奠基者。

①六德指智、信、圣、仁、义、忠；六行指孝、友、睦、姻、任、恤；六艺指礼、乐、射、御、书、数。

《诗经》中的孝——从上层到民间

如果说周公旦制礼作乐——从上层制度架构层面推行“有孝有德”，那么，《诗经》则从民间层面反映了周代的孝的生态情况。

而要了解《诗经》中孝的实际价值和意义，就要先了解《诗经》的起源和来历。《诗经》者，是周代（上至西周时期，下至春秋时期）统治者委派官员到各地采集的反映风土民情的歌谣（或称民谣），可以称得上是周代民间社会生活的历史实录。

《诗经》传为尹吉甫[1]采集，事实上为各地的民间创作，后经孔子编订，被奉为儒家经典。其中，孝在《诗经》的记述篇幅多是反映“孝宗敬祖”的祭祀礼仪。

①尹吉甫，传为黄帝之后伯儵族裔，西周尹国的国君，曾辅助周宣王中兴周朝，深受周王室倚重。传其是《诗经》的主要采集者。

如《诗经·小雅·天保》：

吉蠲为饎，是用孝享。禴祠烝尝，于公先王……

饎，即酒食的意思；禴祠烝尝，凡祭有四时：春曰祠，夏曰禴，秋曰尝，冬曰烝。诗的大意是：用酒食献祭（即是用孝享）于先公先王。

《诗经·小雅·楚茨》：

以为酒食，以享以祀……工祝致告，徂赉孝孙，苾芬孝祀……

苾芬，本指香气，此处指代祭祀用的食物的丰盛与精美。孔颖达在《毛诗注疏》中说："是用致孝敬之心而献之。"换成现代的语言表达，就是用丰盛、精美的酒食孝敬死去的先祖。今日之民间还有类似这样的习俗，就是沿袭下来的一种祭祀礼仪。

《诗经·大雅·文王有声》：

文王有声……筑城伊淢，作丰伊匹。匪棘其欲，遹追来孝……

遹追来孝，即追孝。追孝，就是《礼记·坊记》所言"脩宗庙，敬祀事，教民追孝也"的意思。《书·文侯之命》有："追孝于前文人。"孔颖达在《注疏》中说："追行孝道于前世文德之人。"此即追孝之义。

《诗经·周颂·闵予小子》：

闵予小子，遭家不造，嬛嬛在疚。于乎皇考！永世克孝。念兹皇祖，陟降庭止。维予小子，夙夜敬止。于乎皇王，继序思不忘。

“永世克孝”就是对先祖能够终身祭祀尽孝。

上述诗中之孝，或称孝祀，是古人祭祀先祖的一种常用方式，也是一种属于精神层面的宗教信仰；同时，孝也是宗法社会的产物，用以维护社会伦理秩序。左丘明《左传·定公四年》上说：“灭宗废祀，非孝也。”如果废掉祭祀祖先的礼仪，就成了不孝的子孙，指的就是这个意思。

由祭祀先祖之孝，到侍奉或孝敬在世亲人之孝道、孝心，并没有直接的提及，但是可以参照《礼记·祭统》所言：

祭者，所以追养继孝也。孝者，畜也。顺于道、不逆于伦，是之谓畜。是故孝子之事亲也有三道焉：生则养，没则丧，丧毕则祭。养则观其顺也，丧则观其哀也，祭则观其敬而时也。尽此三道者，孝子之行也。

孔颖达注疏《礼记·祭统》时说：“追养继孝也者，养者是生时养亲，孝者生时事亲，亲今既没，设礼祭之，追生时之养，继生时之孝。”

由此推之，生时奉养父母，则有孝道之义，这在《诗经》中也有间接提及。

如《诗经·国风·唐风·鸨羽》：

肃肃鸨羽，集于苞栩。王事靡盬，不能蓺稷黍。父母何怙？悠悠苍天！曷其有所？

肃肃鸨翼，集于苞棘。王事靡盬，不能蓺黍稷。父母何食？悠悠苍天！曷其有极？

肃肃鸨行，集于苞桑。王事靡盬，不能蓺稻粱。父母何尝？悠悠苍天！曷其有常？

《鸨羽》诗的大意是：被征徭役的役人因不能归家耕种，而担心父母怎么生活。《毛诗序》说：“《鸨羽》，刺时也。昭公之后，大乱五世，君子下从征役，不得养其父母，而作是诗也。”朱熹《诗集传》中也认为：“民从征役而不得养其父母，故作是诗。”从这首诗的侧面

《唐风·鸨羽（局部）》，南宋马和之绘。

间接反映出，因为征役，而不得孝养其父母。

《诗经·小雅·蓼莪》：

蓼蓼者莪，匪莪伊蒿。哀哀父母，生我劬劳。

蓼蓼者莪，匪莪伊蔚。哀哀父母，生我劳瘁。

瓶之罄矣，维罍之耻。鲜民之生，不如死之久矣。无父何怙？无母何恃？出则衔恤，入则靡至。

父兮生我，母兮鞠我。拊我畜我，长我育我，顾我复我，出入腹我。欲报之德，昊天罔极。

南山烈烈，飘风发发。民莫不谷，我独何害。

南山律律，飘风弗弗。民莫不谷，我独不卒。

郑玄《毛诗笺》解释说："谷，养也。言民皆得养其父母，我独何故睹此寒苦之害。"此诗前用比，后用兴，先说父母养育之辛苦，后以他人能够尽善养父母之事，独己不能尽养亲之事，从而痛恨自己不已。方玉润《诗经原始》评说："《蓼莪》几于一字一泪，可抵一部《孝经》读。"由此可见，该诗虽通篇未提及"孝"字，但通篇却是因孝而起，故《毛诗序》说"民人劳苦，孝子不得终养尔"。

又《诗经·国风·邶风·凯风》：

凯风自南，吹彼棘心。棘心夭夭，母氏劬劳。

凯风自南，吹彼棘薪。母氏圣善，我无令人。

爰有寒泉，在浚之下。有子七人，母氏劳苦。

睍睆黄鸟，载好其音。有子七人，莫慰母心。

《凯风》作者以哀婉悲痛之情阐述母亲的养育之恩，养育之辛苦，进而述及相对母亲的养育和付出，自己的尽孝远远做得不够多、不够好。《毛诗序》评说："《凯风》，美孝子也。卫之淫风流行，虽有七子之母，犹不能安其室。故美七子能尽其孝道，以慰母心，而成其志尔。"

上述三首诗歌虽不著一"孝"字，但处处流露出孝养父母之大义，这也恰恰符合"生则养，没则丧，丧毕则祭"的孝之三道。

从享孝（祭祀）祖先，到孝养父母，中国传统孝道文化，经周公旦的顶层制度设计（制礼作乐），以政治教化的方式出现，再经《诗经》的流布，已具雏形。

总之，《诗经》作为一本文学著作，它代表的是每一个人，也是一个群体，它在传承、布道孝文化方面起到了无可替代的价值和作用。诚如孔子所言："安上治民，莫善于礼；移风易俗，莫善于乐。"而《诗经》是礼乐制度（政治教化）最好的载体，自然也是承载孝文化、传播孝文化的最好载体。

第二　孝的确立

本篇讲述了“孝”由“孝祀”神祖到到世俗社会的孝养父母的变迁。以孔子学说为核心，构成了儒家孝道文化的内核，并由孔子诸弟子不断完善与丰富了孝道文化的深度与广度。

孔子思想的内核

如果说，周公旦拓展了“孝”的文化与内涵，则孔子奠定了“孝”成为中国传统文化的内核。千年以降，孝，成为中国人人格、品德形成的基础底色，也成为中华民族传统美德的基本元素。

论及孔子思想的产生，不得不提孔子所生活的年代。

据《史记·孔子世家》记载：“孔子生鲁昌平乡陬邑。其先宋人也，曰孔防叔。防叔生伯夏，伯夏生叔梁纥。纥与颜氏女野合而生孔子，祷于尼丘得孔子。鲁襄公二十二年（公元前551年）而孔子生。生而首上圩顶，故因名曰丘云。字仲尼，姓孔氏。”

其先宋人是问题的关键。当年周公旦奉命讨伐三监之乱后，为安抚殷商遗民和贵族，周公旦以周成王之命封商纣王帝辛的长兄微子启于商丘建立宋国。孔子正是宋国贵族，追根溯源，孔子先祖乃殷商开国君主商汤。无疑，周公旦的施政方略，对于“其先宋人”的孔子而言，是一项深得民心的治国之策。

据《论语·八佾》记载，子曰：“周监于二代，郁郁乎文哉！吾从周。”孔子说，周礼是借鉴夏商两代之礼发展而来，是多么多姿多彩啊！所以我遵从周礼。因此，孔子不但推崇周公旦，并且一生以实际行动致力于恢复周礼（克己复礼）。

《孔子画像》，日本阿部正伦绘（1800年秋）。

周礼者即礼乐制度，许慎作《说文解字》说："礼，履也。所以事神致福也。"这是周礼的根本思想。据有文字可考的历史，殷商祭祀要用乐舞，周代继承了殷商祭祀的习俗，因此周礼又称礼乐制度。

当是时，以周天子为统治中心的西周政权已经衰落。礼乐制度也遭到了践踏，僭用周天子祭祀礼乐的事情时有发生。诚如司马迁所言："孔子之时，周室微而礼乐废，诗书缺。"①

①出自《史记·孔子世家》。

据《论语·八佾》记载：

孔子谓季氏："八佾舞于庭，是可忍也，孰不可忍也。"

这段话信息量较大。庭者，指家庙庭院。八佾，是周礼规定用礼乐的等级与规格。《礼记·祭统》上说："内祭，则大尝禘是也。夫大尝禘，升歌《清庙》，下而管《象》；朱干玉戚，以舞《大武》；八佾，以舞《大夏》；此天子之乐也。"八佾，即指周天子之乐。

据《左传·隐公五年》记载："公问羽数于众仲，对曰：'天子用八，诸侯用六，大夫四，士二。夫舞所以节八音，而行八风，故自八以下。'"按照身份等级之别，用舞列数、人数各有别。季氏指鲁国大夫季桓子，按照他的级别来看应该用四，他却用八佾。

东汉大儒马融[1]注《论语》时说："鲁以周公故受王者礼乐，有八佾之舞。季桓子僭于其家庙舞之，故孔子讥之。"季氏八佾舞于庭，彻底惹怒了孔子，故发出"是可忍也，孰不可忍也"之言。

①马融（公元79—166年），字季长，右扶风茂陵（今陕西省兴平市）人，东汉儒家学者，著名经学家，尤长于古文经学，其门徒众多，如卢植、郑玄等。

由此可见，当时周礼已经遭到了严重破坏，于是，孔子扛起恢复周礼的重担。诚如他自己所言："克己复礼为仁。一日克己复礼，天下归仁焉。"在这种情况下，孔子开始建立他的学说，而孝成为儒家学说之源。

在《论语》一书中，前后一共19次提到有关"孝"的论述，在孔子眼里，"孝"不仅仅是"孝"，还有与"仁"的纠葛。事实上，仁在孔子的思想里，包涵甚广，比如孝、弟（悌）、忠、恕、礼、知、勇、恭、宽、信、敏、惠等，都属于仁的范畴，而孝悌是仁的基础，也是儒家思想的基本支柱。

《论语·学而》记载有子[2]的一段话，他说：

君子务本，本立而道生。孝弟也者，其为仁之本也。

②有若，即有子，字子有，孔子重要弟子之一。孟子评价有子时说，他的思想非常接近孔子。观有子"孝悌为本"，即深得孔子思想的精微。

这句话是什么意思呢？也就是说“孝弟（悌）”是做人的根本，所谓孝悌就是孝敬父母，尊敬兄长。因此，做人之道，莫大于孝。为人者如果做不到孝，那么一个人的其他的品质也就无从谈起。

有子完美地继承了对孔子关于“孝”的理论与学说，孔子曾说过：“仁者，人也，亲亲为大。”亲亲即孝亲。

《论语·学而》记载着孔子这样一句话：“弟子，入则孝，出则弟，谨而信，泛爱众，而亲仁。行有馀力，则以学文。”

从这段话中可以看出，孔子的思想从事实上肯定了“孝”作为“仁”的内核，是一个人的立身之本。反过来说，孔子思想，就是“仁”的思想，由此可见孝在儒家思想中的重要地位。

重要的是，孔子的“孝”的观念是接地气的，是生活在人间的，同时，它也是客观、切合实际的，而非盲目的“孝”。

又《论语·学而》记载有子的话说：

其为人也孝弟，而好犯上者，鲜矣；不好犯上，而好作乱者，未之有也。

如果一个人有孝悌之心，而犯上和作乱（不忠）者，鲜见。而造反的人，更未有也。孝之重要性由此而出。

《孔子家语·弟子行》记载：

卫将军文子问于子贡[1]曰："吾闻孔子之施教也，先之以《诗》《书》，而道之以孝弟，说之以仁义，观之以礼乐，然后成之以文德。盖入室升堂者，七十有余人，其孰为贤？"子贡对以不知。文子曰："以吾子常与学，贤者也，不知何谓？"子贡对曰："贤人无妄，知贤即难。故君子之言曰：智莫难于知人。是以难对也。"

①子贡，复姓端木，本名端木赐，字子贡，春秋末卫国人，孔门十哲之一。子贡晚年开设私学，教书传道。

通过这篇卫将军文子问贤于子贡的对话可以看出，孔子施教的方略是："先之以《诗》《书》，而道之以孝弟，说之以仁义，观之以礼乐，然后成之以文德。"《易传·系辞》上说："立天之道，曰阴与阳。立地之道，曰柔与刚。立人之道，曰仁与义。"道分为天道和人道，孝悌被视作"道"，是立身之本，做人之本，得道之本。因故，孝悌在孔子及其诸弟子思想里，是其他一切思想的发端。

据《孔子家语·六本》记载：

孔子曰："行己有六本焉，然后为君子也。立身有义矣，而孝为本；丧纪有礼矣，而哀为本；战阵有列矣，而勇为本；治政有理矣，而农为本；居国有道矣，而嗣为本；生财有时矣，而力为本。置本不固，无务农桑；亲戚不悦，无务外交；事不终始，无务多业；记闻而言，无务多说；比近不安，无务求远。是故反本修迩，君子之道也。”

在孔子“立身六本”中，孝道是重中之重，换句话说，有孝道才有其他可能的一切。

至此，孔子思想的内核，呼之欲出。

总之，孔子的“孝道”思想泛着人性的光芒，不只孝让儒家思想光芒四射，孝之于墨家也是如此，乃至在西方思想价值体系中，也重视孝的内核，比如《马太福音》里说：“要孝敬父母；要爱邻人，像爱自己一样。”

此种种即说明，孝是这个社会的普适性法则。

司马迁在《史记·孔子世家》中对孔子如是评价道：

诗有之：“高山仰止，景行行止。”虽不能至，然心乡往之。余读孔氏书，想见其为人。适鲁，观仲尼庙堂车服礼器，诸生以时习礼其家，余祗回留之不能去云。天下君王至于贤人众矣，当时则荣，没则已焉。孔子布衣，传十馀世，学者宗之。自天子王侯，中国言六艺者折中于夫子，可谓至圣矣！

至圣，孔子当之无愧矣！

“生事之”和“死祭之”

①孟懿子，姬姓，鲁国孟孙氏第九代宗主，本姓仲孙，也称孟孙，名何忌，世称仲孙何忌，谥号懿，孟子的六世祖。

《论语·为政》记载了孟懿子[1]问孝：

孟懿子问孝，子曰：“无违。”樊迟御，子告之曰：“孟孙问孝于我，我对曰无违。”樊迟曰：“何谓也。”子曰：“生，事之以礼；死，葬之以礼，祭之以礼。”

无违，即不违背。这段对话的大意是：孟懿子问孝于孔子，孔子答道：不违背礼的规定。后来，孔子又把这个意思告诉自己的学生樊迟[2]，樊迟不明白其中深意，故问孔子说：“为什么呢？”孔子又向他解释说，父母健在的时候要以“礼”来侍奉他们，称孝道；父母死后要以“礼”来安葬他们，称葬礼；安葬以后还要按照“礼”来祭祀他们，称祭礼。

②樊迟，名须，字子迟，春秋末鲁国人(一说齐国人)，孔子七十二贤弟子之一，继承孔子之志兴办私学，传道于济水（今河南省济源市）一带。

“生，事之以礼；死，葬之以礼，祭之以礼”，是孔子对孝的全面概述，即按照礼的要求“生事之”和“死祭之”。这与《诗经》中所描写的社会风俗相一致。

“生事之”主要体现在以下几个方面：

其一，体现在物质供养方面，即吃穿用度。

据《尚书·酒诰》记载：

肇牵车牛，远服贾用，孝养厥父母。厥父母庆……

驾驶牛车进行贸易，进而孝养父母，而使父母高兴。这是用物质令父母高兴。

其二，体现在精神孝养方面。

《论语·为政》记载子游[①]问孝：

子游问孝。子曰："今之孝者，是谓能养，至于犬马，皆能有养，不敬，何以别乎？"

① 子游，言姓，名偃，字子游，亦称言游、叔氏，春秋末吴国人，与子夏、子张齐名，孔门十哲之一。

意思是，子游请教什么是孝。孔子说："现在所谓的孝，是指能够侍奉父母。连狗马也能养。如果少了尊敬，奉养父母与养狗马有何区别呢？"

孔子在这里提出的是精神孝养的重要性，即孝的重要内容包含"敬"，敬重、尊重等，这是情感慰藉、精神奉养。

在《论语·为政》中，孔子在回答弟子子夏[②]的

② 子夏（左图），卜姓，名商，字子夏，孔门十哲之一。

问题时，也特别提到了精神奉养的观点，孔子说：

色难。有事弟子服其劳；有酒食，先生馔，曾是以为孝乎？

如果不给父母好脸色看，即使有酒有肉，难道就是尽孝了吗？孔子以反问的语气，肯定了不敬则为不孝。于是子夏也得出了自己的结论："事父母，能竭其力。"即竭尽一切所能孝养父母，从物质孝养到精神孝养，缺一不可。

其三，关爱自身，不让父母担心，也成为孝养父母的一部分。

据《论语·为政》记载：

孟武伯[①]问孝，子曰："父母，唯其疾之忧。"

①孟武伯，姓仲孙，名彘，谥武，春秋时期鲁国大夫，孟子五世祖。

朱熹作《四书集注·为政注》时说："言父母爱子之心，无所不至，惟恐其有疾病，常以为忧也。人子体此，而以父母之心为心，则凡所以守其身者，自不容于不谨矣，岂不可以为不孝乎？"

正所谓"身体发肤受之父母"，爱护自己的身体健康，也成为孝的一部分。通俗地讲，不要父母为儿女担心、为儿女操心，也构成了孝的重要内核。

其四，《论语·里仁》记载孔子的话说：“父母在，不远游，游必有方。”

意思是要时常留在父母身边，照顾父母。特别是父母年老时，作为子女的更应该常尽孝。

其五，顺亲与谏诤。

据《论语·学而》记载：

子曰：“父在，观其志；父没，观其行。三年无改于父之道，可谓孝矣。”

《礼记·祭统》上说：“孝者，畜也。顺于道不逆于伦，是之谓畜。是故，孝子之事亲也，有三道焉：生则养，没则丧，丧毕则祭。养则观其顺也，丧则观其哀也，祭则观其敬而时也。尽此三道者，孝子之行也。”郑玄说：“畜谓顺于德教。”畜，即顺。不违背父亲立下的规矩和行事原则，就是顺，就是孝。今日所言“孝顺”一词就是这个意思。

顺从之外，还有谏诤。据《论语·里仁》记载：

子曰：“事父母，几谏，谏志不从，又敬不违，劳而不怨。”

意思是，父母有什么过失，要及时提出来，“几谏”

《孔子像》，南宋马远绘。

即几次提出来之后，父母还是不听从的话，依然要恭敬父母，劳而不怨。难道就此就不谏诤了吗？非也。朱熹作《四书集注》时说："此章与《内则》之言相表里。几，微也。微谏，所谓'父母有过，下气怡色，柔声以谏'也。见志不从，又敬不违，所谓'谏若不入，起敬起孝，悦则复谏'也。劳而不怨，所谓'与其得罪于乡、党、州、闾，宁熟谏。父母怒不悦，而挞之流血，不敢疾怨，起敬起孝'也。"事实上，当父母因谏诤不听，甚至动怒的时候，停止谏诤，当父母恢复平静，又"悦（高兴）"的时候，再开始谏诤。即"谏若不入，起敬起孝，悦则复谏"。

其六，兄友弟恭。敬爱兄长，友于兄弟，家庭和睦也是孝的一部分。

《论语·为政》记载：

子曰："《书》云："孝乎惟孝，友于兄弟，施于有政。"

又《论语·学而》记载：

子曰："弟子，入则孝，出则第（悌），谨而信，泛爱众，而亲仁。行有余力，则以学文。"

这是一个由近及远、由亲及疏、由血缘宗族（家庭伦理）到社会伦理的一个递进式道德养成，即“入则孝，出则第，谨而信，泛爱众，而亲仁”的递进。而孝悌成为做人处事之本。现在我们论述孔子之孝道，不能忽略了这一层关系。

“死祭之”，则承继了孝之起源的祭祀礼仪。

“死祭之”包含两个部分：一是葬礼，二是祭礼。

孔子之前，厚葬习俗已经深入人心。据《韩非子·内储说（上）》记载：

> 齐国好厚葬，布帛尽于衣衾，材木尽于棺椁。桓公患之，以告管仲曰：“布帛尽则无以为蔽，材木尽则无以为守备，而人厚葬之不休，禁之奈何？”管仲对曰：“凡人之有为也，非名之，则利之也。”于是乃下令曰：“棺椁过度者戮其尸，罪夫当丧者。”夫戮死，无名；罪当丧者，无利。人何故为之也未几厚葬之风休矣。

孔子去管仲之事不远，由此可见当时民间厚葬之风有多么盛行。至于管仲扼杀民间厚葬的手段——“开棺戮尸”的政策的是与非不在本文论述之列。

在这种大背景下，孔子提出了因时制宜、灵活变通的丧葬之礼。

据《论语·八佾》记载：

林放[1]问礼之本，子曰："大哉问！礼，与其奢也，宁俭；丧，与其易也，宁戚。"

①林放，字子邱，春秋末鲁国人。

葬礼，与其奢也，宁俭。可见孔子是提倡简葬薄葬之礼的。按照孔子的意思是："丧礼，与其哀不足而礼有余也，不若礼不足而哀有余也。"[2]孔子强调不要做表面功夫，要发自内心地哀婉悲痛。在《论语·八佾》中，孔子也强调了丧礼要敬要哀，孔子说："居上不宽，为礼不敬，临丧不哀，吾何以观之哉？"

②出自《礼记·檀弓（上）》，原文记载："子路曰：'吾闻诸夫子：丧礼，与其哀不足而礼有余也，不若礼不足而哀有余也。祭礼，与其敬不足而礼有余也，不若礼不足而敬有余也。'"

据《论语·先进》记载：

颜渊死，门人欲厚葬之，子曰："不可。"门人厚葬之，子曰："回也视予犹父也，予不得视犹子也。非我也，夫二三子也！"

颜渊死，按照孔子所提倡的礼的观点，应该薄葬颜渊而不是厚葬。但是，主持颜渊葬礼的是颜渊的弟子，他们却厚葬了颜渊。于是孔子叹息道：颜渊啊，这不是我的主意啊，是你门下二三（二三指虚数）弟子所为啊！

这是《论语》中孔子反对厚葬之礼的历史记载，可证孔子提倡简丧薄葬之礼。

父母去世之后要"祭之以礼"。

据《论语·学而》记载，孔子的学生曾子说："慎终追远，民德归厚矣。”“慎终追远”强调的就是葬之以礼，即慎终；祭之以礼，即追远。

《孝经·丧亲章》中引述孔子的话说：“为之宗庙，以鬼享之；春秋祭祀，以时思之。生事爱敬，死事哀戚，生民之本尽矣，死生之义备矣，孝子之事亲终矣。”

所谓“春秋祭祀，以时思之”就是“祭之以礼”的要义。按照唐玄宗《御注孝经》所言：“寒暑变移，益用增感，以时祭祀，展其孝思也。”

在“生事之”和“死祭之”的问题上，孔子更看重的是“生事之”。

“季路①问事鬼神。子曰：‘未能事人，焉能事鬼？’‘敢问死。’曰：‘未知生，焉知死？’”这段记载出自《论语·先进》，按照孔子的意思，生的事情还没有弄清楚，怎么能去了解死的事情呢。这也是孔子更看重“生事之”的例证之一。

总之，在孔子的理论中，孝与仁，孝与礼都密不可分，他期望达到一个“老者安之，朋友信之，少者怀之”②的理想社会状态，而这一切的开始，即源于孝。

故，孝，仁之本也，成为儒学的重要学说之一，它是儒学体系中的重要理论基础，是社会实践中的道德伦理法则，也是一个人行事立身的根本。

①仲由，字子路，又字季路，孔门十哲之一。

②出自《论语·公冶长》，原文记载：“子路曰：‘愿闻子之志。’子曰：‘老者安之，朋友信之，少者怀之。’”

孔子和他的弟子们

在《论语》的记载中，孔子与弟子有子、孟懿子、樊迟、孟武伯、子游、子夏等，都有关于孝的论述。

在这些对谈中，便勾勒出一幅孔子与众弟子关于对孝的解读。

从“生事之”到“死祭之”，从物质到精神，从修身到兄友弟恭，孔子一方面强调“祭如在，祭神如在”“吾不与祭，如不祭”（见《论语·八佾》），意思是，祭祀神祖就当神祖站在自己面前一样，如果我不参加祭祀，由他人代之，犹如不祭；另一方面也强调“务民之义，敬鬼神而远之，可谓知（智）也”（见《论语·雍也》）。

同时，孔子还论述了一些琐碎的孝的细节。

如《论语·里仁》记载：

子曰：“父母之年，不可不知也，一则以喜，一则以惧。”

父母高寿之年，一方面要感到高兴，另一方面也要有恐惧之心，因为人生毕竟有一死，所以要以平常心对待死亡。

总之，《论语》中孔子的言行，经由他弟子们的整理与记载，及后世诸弟子的传播教授而得以流传下来。

据《史记·孔子世家》记载："孔子以诗书礼乐教，弟子盖三千焉，身通六艺者七十有二人。"而且他的诸多弟子还都像孔子一样开设私学，传道授业。

在孔子诸多弟子中，有子（有若）深得老师的真传。

有子关于孝的言论被《论语》收录在开篇《学而·第二》：

有子曰："其为人也孝弟，而好犯上者，鲜矣；不好犯上，而好作乱者，未之有也。君子务本，本立而道生。孝弟也者，其为仁之本与！"

这可以看作是有子对孔子学说的提纲挈领的总结。这恐怕也是有子的话位于《论语》开篇孔子之后的位置

《孔子弟子像图卷》（局部），唐代阎立本绘。

的原因吧。钱穆先生在《论语新解》中说道：

子曰：或说："子，男子之通称。"或说："五等爵名。"春秋以后，执政之卿亦称子，其后匹夫为学者所宗亦称子，孔子、墨子是也。或说："孔子为鲁司寇，其门人称之曰子。称子不成辞则曰夫子。"《论语》孔子弟子惟有子、曾子二人称子，闵子、冉子单称子仅一见。

有子称子，可见其思想类孔子的又一例证。

有子虽然有如此地位，却在孔子之后，发生了一件很有意思的事情，据《史记·仲尼弟子列传》记载：

孔子既没，弟子思慕，有若状似孔子，弟子相与共立为师，师之如夫子时也。他日，弟子进问曰："昔夫子当行，使弟子持雨具，已而果雨。弟子问曰：'夫子何以知之？’夫子曰：‘诗不云乎？月离于毕，俾滂沱矣。昨暮月不宿毕乎？’他日，月宿毕，竟不雨。商瞿年长无子，其母为取室。孔子使之齐，瞿母请之。孔子曰：‘无忧，瞿年四十后当有五丈夫子。’已而果然。问夫子何以知此？”有若默然无以应。弟子起曰：“有子避之，此非子之座也！”

孔子去世后，众弟子说“有若状似孔子”，便推举有子为师。此后，却两次被弟子的问题难倒，弟子起曰：“有子你起开吧，这个（老师的）座位非你能够坐的！”

难道有子没有真才实学，不配继承孔子之学吗？显然不是。

宋代洪迈在《容斋随笔》中道出问题所在：“予谓此两事殆近于星历卜祝之学，何足以为圣人，而谓孔子言之乎？有若不能知，何所加损，而弟子遽以是斥退之乎？”观天象占风雨，实乃星历卜祝之学，与孔子之学何干？

同从师于孔子的子游却这样评价有子：“甚哉！有子之言似夫子也。”[①]作为同门弟子，子游的话可信度较高，据有子现有言论来看，他也的确继承了老师孔子的思想。

《孟子·公孙丑（上）》对于有子的评价也较为中肯：“子夏、子张、子游，以有若似圣人。”意思是，有子的思想最接近孔子。这大概才是真实的有子。

① 出自《礼记·檀弓》。

在《论语》之中的位置，有子、曾子并列。钱穆先生在《论语新解》中说：“《论语》以有子之言一章次学而章之后，不即次以曾子之言者，嫌为以曾子处有子后。另人巧言章，而以曾子言次之，是有、曾二子之言，皆次孔子言之后，于二子见平等义。”

据《史记·仲尼弟子列传》记载：“曾参，南武城人，字子舆。少孔子四十六岁。孔子以为能通孝道，故授之业。作《孝经》。死于鲁。”

曾子作《大学》《孝经》，使其成为推动儒学发展的代表人物之一，被后世尊奉为“宗圣”，配享孔庙的四配之一。

曾子的思想以孝、恕、忠、信为核心，以内省、慎独为个人道德修养，他的这些思想被后世总结为修齐治平，即修身、齐家、治国、平天下。也可以说，汉代以后，曾子的这些理论成为政治理论工具，以孝治国成为主流。

值得肯定的是，曾子的以孝为本的孝道观念在今天依然有很重要的价值和意义。

曾子本身也是个孝子。据《孟子·离娄（上）》记载：

曾子养曾皙，必有酒肉；将彻，必请所与；问“有余？”必曰“有。”曾皙死，曾元养曾子，必有酒肉；将彻，必请所与；问“有余？”曰：“亡矣。”将以复进也。此所谓养口体者也。若曾子，则可谓养志也。事亲若曾子者，可也。

曾皙，曾子之父，也是孔子的学生。曾子供养父亲，必有酒肉。此从物质供养方面表达了孝行。

据陆贾《新语·慎微》记载：

曾子孝于父母，昏定晨省，调寒温，适轻重，勉之于糜粥之间，行之于衽席之上，而德美重于后世。

《礼记·曲礼》上说："凡为人子之礼，冬温而夏清，昏定而晨省。"曾子奉养父母，可以说做到了从精神方面到物质方面的所有孝行。《礼记·内则》上记载曾子言说："孝子之养老也，乐其心不违其志，乐其耳目，安其寝处，以其饮食忠养之孝子之身终，终身也者，非终父母之身，终其身也；是故父母之所爱亦爱之，父母之所敬亦敬之，至于犬马尽然，而况于人乎！"这也是他自身对孝的践行。

据《孔子家语·七十二弟子解》记载："参后母遇之无恩，而供养不衰。"曾子后母虽然无恩，但是曾子却依然尽孝，供养不衰。他的同门师兄弟子贡在《孔子家语·弟子行》中这样评说曾子："满而不盈，实而如虚，过之如不及，先王难之。博无不学，其貌恭，其德敦；其言于人也，无所不信；其桥大人也，常以浩浩，是以眉寿，是曾参之行也。”子贡用来表扬曾子的话，恰是《曾子·子思子》中记载的曾子自己的话，曾子说：“夫孝，德之始也；悌，德之序也；信，德之厚也；忠，德之正也。”诚如曾子自己所言，他自己也做到了这些。

元代郭居敬（一说郭守正或郭居业）编撰《二十四孝》（全名《全相二十四孝诗选》）时，其中之一便是曾子的孝行事迹，即“啮指痛心”。文曰：

曾参，事母至孝。曾参采薪山中，家有客至，母无措。参不还，乃啮其指。参忽心痛，负薪以归。跪问其母，母曰：“有客忽至，吾啮指以悟汝耳。”

当然，以孝立说的孔子的诸多弟子中，孝子也是辈出，孔子还有表扬过有孝行的弟子，而且他表扬的话还被记载到《论语》里。这个人就是闵子骞。

据《论语·先进》记载：“子曰：‘孝哉闵子骞！人不间于其父母昆弟之言。’”孔子说：“闵子骞真孝啊，他的父母兄弟都说他孝顺，别人听了也从没有什么异议。”钱穆在《论语新解》中注释这段话时说：“后母薄待闵子，父知而将遣之，感闵子言而止。后母及两弟亦感之，一家孝友克全。能使人无有非间及其父母昆弟，见闵子之孝……盖闵子处家庭困逆之境，能使父母昆弟皆言其孝，则闵子纯孝感格之效已见矣。他人间其父母昆弟之言而皆信，益征闵子孝行之积于内而著于外，故孔子如此叹美之。”闵子骞家贫，后母薄待闵子骞。他的父亲知道后，要把他后母打发走，闵子骞以孝心规劝父亲不要这么做，从而感化了后母。此即后世所传的“鞭打芦花”（或称“单衣顺母”“芦衣顺母”）的孝行故事。

关于闵子骞孝行的故事，在秦汉以前，就已被时人所传颂。《孔子家语·七十二弟子解》上也记载：“闵损，鲁人，字子骞，以德行著名，孔子称其孝焉。”

在孔门弟子中，闵子骞以德行与颜回并称，被后世誉为七十二贤人之一。唐代徐坚在《初学记》中评说：“闵损与曾参门徒之中，最有孝称，今言孝莫不本之曾闵。”

孔子诸多弟子中以孝行著称于后世的不止曾子与闵子骞，还有子路。

《史记·仲尼弟子列传》上记载：“仲由字子路，卞人也。少孔子九岁。”子路在孔子的弟子里以政事著称。

卫国暴乱，子路为救其主卫出公[1]，被杀而死。孔子听说后，非常悲痛。据《史记·孔子世家》记载：

子路死于卫。孔子病，子贡请见。孔子方负杖逍遥于门，曰：“赐，汝来何其晚也？”孔子因叹，歌曰：“太山坏乎！梁柱摧乎！哲人萎乎！”因以涕下。

子路不但以政事著称，他还是一个非常有名的孝子，并受到老师孔子的表扬。

①卫出公，姬姓，卫氏，名辄，春秋时期卫国第二十九代国君。

据《孔子家语·致思》记载：

子路见于孔子曰：“负重涉远，不择地而休；家贫亲老，不择禄而仕。昔者由也，事二亲之时，常食藜藿之实，为亲负米百里之外。亲殁之后，南游于楚，从车百乘，积粟万钟，累茵而坐，列鼎而食，愿欲食藜藿，为亲负米，不可复得也。枯鱼衔索，几何不蠹，二亲之寿，忽若过隙。”孔子曰：“由也事亲，可谓生事尽力，死事尽思者也。”

子路见到孔子之后，述说了当年自己因家贫的种种生活不易。如今，双亲已逝，忽若过隙，为亲负米这样的事情，再也不可得了……

孔子听完子路的话之后说道：“由也事亲，可谓生事尽力，死事尽思者也。”这正是儒家所强调的孝道观念，即所谓的生事之，死追思之。

子路与曾子、闵子骞堪称孔门嫡传弟子的三大孝子，他们的孝行不断被后世传颂，他们所承载的孔子孝道观念也经由他们孝道思想和孝行故事的相互助推，历经百代、延承千年而不朽。

或者说孔子的孝道文化以“薪火相传”的方式，渐入人心，以至今日仍然是中国文化中的伦理道德典范。

另类的宰我

孔子开坛授业，设四类学业，即德行、政事、言语、文学。

据司马迁《史记·仲尼弟子列传》记载：

孔子曰“受业身通者七十有七人”，皆异能之士也。德行：颜渊、闵子骞、厓伯牛、仲弓。政事：厓有、季路。言语：宰我、子贡。文学：子游、子夏。

颜渊、闵子骞、厓伯牛、仲弓、厓有、季路、宰我、子贡、子游、子夏被后世称为孔门十哲，言外之意，这十位弟子深得孔子真传，他们本身也各有其长，各有其能。

孔门十哲之中，在有据可考的孔子诸弟子中，宰我是唯一一个对儒家学说提出异议的学生。因此，宰我也成为最不受老师孔子待见的学生。

仔细考究起来，宰我大抵还是一位具有叛逆精神的孔门弟子。

宰我，又名宰予，字子我，春秋末鲁国人。《史记·仲尼弟子列传》称其“利口辩词”；《孔子家语·七十二

《宰我石刻像》

弟子解》称其“有口才著名”。用流行的话说就是能说会道。

据《论语·雍也》记载：

宰我问曰：“仁者，虽告之曰：‘井有仁焉。’其从之也？”子曰：“何为其然也？君子可逝也，不可陷也；可欺也，不可罔也。”

宰我的问题很刁钻：有人告诉一位仁者说，有人（或另一位仁者）掉入井中，是否要去救呢？

如果救的话，则仁者陷于井中，不救则失于仁。搞得孔子只能叹息，说了一段莫名其妙的话。

这段对话的本义已无须考证，从另一面而言，则表现出宰我善于思考的精神。

据《论语·公冶长》记载：

宰予昼寝，子曰：“朽木不可雕也，粪土之墙不可杇也，于予与何诛？”子曰：“始吾于人也，听其言而信其行；今吾于人也，听其言而观其行。于予与改是。”

宰我白天睡觉，这一举动惹得孔子大动肝火：“朽木不可雕也，粪土之墙不可杇也！我对宰我已经没有什么可责备的了。”由此，可以看出孔子对这位高徒已经失去了信心，并发出自己识人辩人的感慨：“我原来看人是，听其言而信其行；而今是，听其言而观其行。这是宰我这个人改变了我的态度啊！”

对于这段记载，后世也多有解说。如朱熹在《四书章句集注》中说：“昼寝，谓当昼而寐……言其志气昏惰，教无所施也……言不足责，乃所以深责之……宰予能言而行不逮，故孔子自言于予之事而改此失，亦以重警之也。”如此恶宰予之言，朱熹认为当是因宰我志气昏惰，责备他以警群弟子。由于本事难考，我们很难弄清楚宰予昼寝引起老师发怒的具体原因是什么。不过，通过此一斑，可见在老师孔子眼里，宰我是最不受老师待见的。

据《论语·八佾》记载：

> 哀公[①]问社于宰我，宰我对曰：“夏后氏以松，殷人以柏，周人以栗，曰使民战栗。”子闻之，曰：“成事不说，遂事不谏，既往不咎。”

① 哀公，姬姓，名将，鲁定公之子，春秋时期鲁国第二十六任君主。

社者，土地神。据《周礼·地官·大司徒》记载：“设其社稷之壝而树之田主。各以其野之所宜木。”即封土立社，植木以示田主。至于植什么样的木，则以各地生长环境而决定。

这段的大意是，哀公问宰我，关于祭社的事情，宰我说：夏后氏以松，殷人以柏，周人以栗。孔子知道之后，说了句：“成事不说，遂事不谏，既往不咎。”即事已成，不须再说了。事既行，也不须再谏了。已往之事，也不必再责备了。

重要的是，宰我说完三代之礼后，又补刀一句：“周人以栗，曰使民战栗。”朱熹在《四书集注》中说：“战栗，恐惧貌。”宰我的意思是，隐喻周代的政治制度使人恐惧。

《孔子圣迹图·因膰去鲁》，清代焦秉贞绘。膰者，祭余肉。据《左传·成公十三年》：“国之大事，在祀与戎。祀有执膰，戎有受脤，神之大节也。”按照礼仪，鲁国国君在祭祀之后要把祭肉分给参加祭祀典礼的人，而鲁国国君却没有这么做，于是孔子愤而辞去鲁国的官职，此即因膰去鲁的典故。在孔子眼里，周天子的礼仪制度一定要维护，而宰我的行为显然与周礼格格不入，自然不受孔子待见。

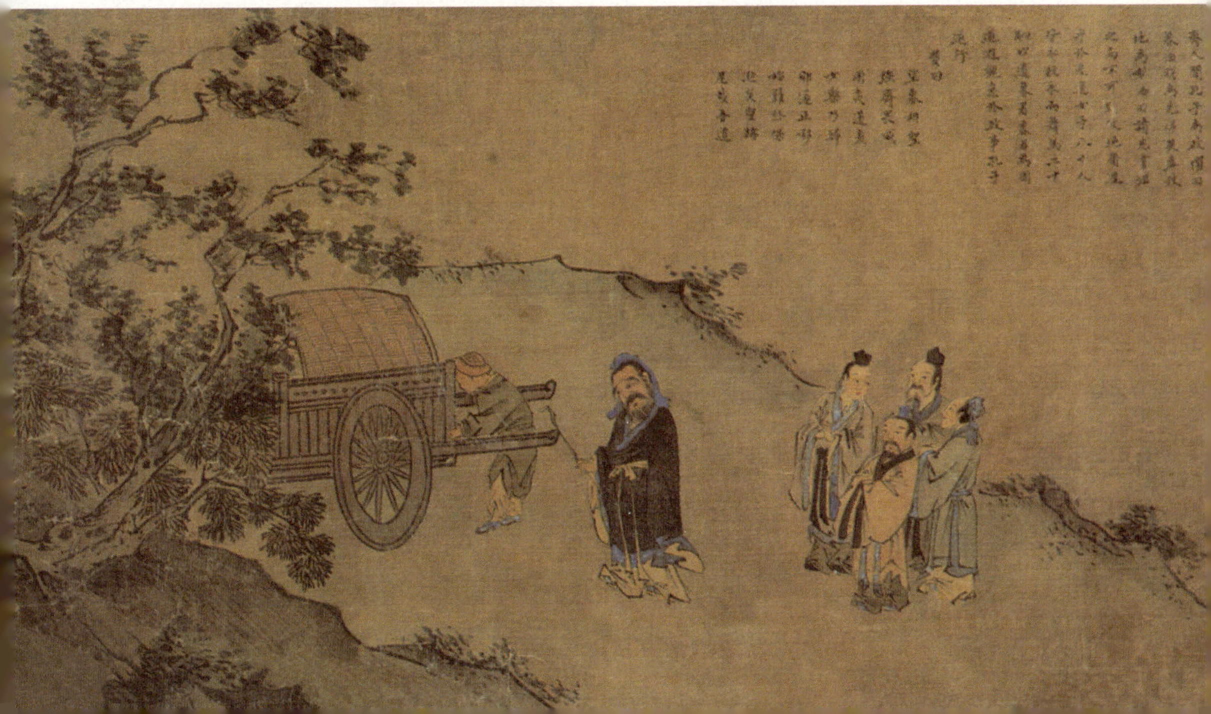

后有论者索引说，宰我曾参与鲁国的内部斗争，这已经不是问题的关键所在。

在孔子身上，一直以周礼为自己的行事准则，而宰我的“周人以栗，曰使民战栗”，既有讽刺周统治者非以德治国的意思，也有违孔子一直倡导的仁政。

有史可查，有关宰我不多的几件事情上，可以看出，他绝非是一个默守成规之人。师徒二人真正的交锋，则在丧葬之礼上。《论语·阳货》中记载了一段孔子和宰我的辩论：

宰我问："三年之丧期已久矣！君子三年不为礼，礼必坏；三年不为乐，乐必崩。旧谷既没，新谷既升；钻燧改火，期可已矣。"子曰："食夫稻，衣夫锦，于女安乎？"曰："安！""女安，则为之！夫君子之居丧，食旨不甘，闻乐不乐，居处不安，故不为也。今女安，则为之！"宰我出。子曰："予之不仁也！子生三年，然后免于父母之怀。夫三年之丧，天下之通丧也；予也有三年之爱于其父母乎？"

其大意是，宰我说：“守丧三年，时间太长了，君子三年不行礼，礼必坏；三年不作乐，乐必废。且旧谷吃尽，新谷已收，钻燧取火之木都已换了，守一年丧期就够了。”孔子说：“（亲丧一年时间）你就吃稻米，穿锦衣，难道你就心安吗？”宰我说：“心安啊！”孔子说：“你心既然觉安，你就如此去做吧！君子守丧期间，食美味不觉得甘美，听音乐亦不觉得愉悦，在日常起居中也觉得不心安，因此不这样做。现在你既觉得心安，你就那样去做吧。”

宰我出去后，孔子说：“宰我真是不仁啊！孩子生下三年后，才能离开父母的怀抱。服丧三年，是天下通行的丧礼，难道宰我没有在父母的怀抱里受过三年的爱抚吗？”

按照孔子的意思，既然孩子出生三年才能脱离母亲的怀抱，那么父母去世，为父母守丧三年，难道不可以吗？

“不仁”的评价，远远比“朽木不可雕也，粪土之墙不可杇也”这样单纯的修身评价更苛责。因为“不仁”涉及社会伦理道德层面了，“仁”也是儒家的核心学说。

孔子之所以批评宰我不仁，实则是指责宰我违背礼仪，有失孝道。孔子在这里有两点依据：

其一，夫三年之丧，天下之通丧也。言外之意，就是守丧之礼是当时社会约定俗成之礼。而且这礼是以周天子所率先垂范的祀祖之礼，对于“克己复礼”的孔子来说，宰我的观点有违孔子宏旨。

其二，孔子说：“生，事之以礼；死，葬之以礼，祭之以礼。”这才是孝。以仁孝立足的儒家思想，当然是不能触碰底线的。

作为孔子的优秀弟子，喜欢发些议论也属于正常，更何况这次论辩何尝不是一次思想的碰撞、交锋呢？

如果革故鼎新，守丧从三年变一年又何妨？既然孔子可以提倡简丧薄葬，难道不可以在守丧之俗上有所变通吗？况且，孔子说父母在怀抱中爱抚孩子三年，所以父母去世也要守丧三年的辩词，多少有点站不住脚。这也不代表孝或者不孝。

墨家学派创始人墨子也非常厌烦儒家这些“三年之丧”的繁文缛节，《墨子》专设《非儒》一章（主要批判儒家思想的篇章），批判孔子的一些学说，如：

且夫繁饰礼乐以淫人，久丧伪哀以谩亲，立命缓贫而高浩居，倍本弃事而安怠傲，贪于饮食，惰于作务，陷于饥寒，危于冻馁，无以违之……

所谓久丧，即指儒家推崇的三年之丧。

从宰我的生活时代来看，宰我的“心安”，的确具有一种革新的叛逆精神，至少他思考了一些问题。孔子的某些思想，经过时间的洗礼，也不见得完全正确，而宰我的敢于思考的精神却是任何一个时代都需要的。

这段有趣的史实，为后世思辨儒家文化乃至孝道文化，起到了抛砖引玉的作用。

第三 诸子百家

本篇讲述了诸子百家对孝道文化的构建。传统孝道学说，以儒家为中心，以诸子百家为辐射，拓宽了孝道的边界。同时，也为后世孝道学说的流布、延展，奠定了广泛的社会各阶层、各信仰群体的孝道文化认同基础。

孟子的生活史及其对孝道的论述

孟母三迁是我们熟知的故事，这段故事记载于西汉刘向《列女传·母仪》：

邹孟轲之母也，号孟母。其舍近墓。孟子之少也，嬉游为墓间之事，踊跃筑埋。孟母曰："此非吾所以居处子也。"乃去舍市傍。其嬉戏为贾人衒卖之事。孟母又曰："此非吾所以居处子也。"复徙舍学宫之傍。其嬉游乃设俎豆揖让进退。孟母曰："真可以居吾子矣。"遂居之。

这段记述描写了孟子少年时，因环境改变人生的道理，但从另外一个角度讲，呈现了孟母的教育方法和孟子的善于学习。

刘向在讲完"孟母三迁"的故事之后，评说道："孟子之母，教化列分，处子择艺，使从大伦，子学不进，断机示焉，子遂成德，为当世冠。"这也恐怕是孟子最终成为一代大家的原因所在。

据司马迁《史记·孟子荀卿列传》记载："孟轲，

驺人也。受业子思之门人。道既通，游事齐宣王，宣王不能用。适梁，梁惠王不果所言，则见以为迂远而阔于事情。当是之时，秦用商君，富国强兵；楚、魏用吴起，战胜弱敌；齐威王、宣王用孙子、田忌之徒，而诸侯东面朝齐。天下方务于合从连衡，以攻伐为贤，而孟轲乃述唐、虞、三代之德，是以所如者不合。退而与万章之徒序诗书，述仲尼之意，作孟子七篇。”

孟子师承渊源颇深，子思即孔伋，孔伋父孔鲤，孔鲤父孔子。孔伋乃受教于孔子高徒曾参，故孔子以孝立儒家学说的一派传承清晰可见，曾参传孔伋，孔伋门人传孟子。可以说，孔伋之学，上承曾参，下启孟子。

据《韩非子·显学》记述：

世之显学，儒、墨也。儒之所至，孔丘也。墨之所至，墨翟也。自孔子之死也，有子张之儒，有子思之儒，有颜氏之儒，有孟氏之儒，有漆雕氏之儒，有仲良氏之儒，有孙氏之儒，有乐正氏之儒。自墨子之死也，有相里氏之墨，有相夫氏之墨，有邓陵氏之墨。故孔、墨之后，儒分为八，墨离为三，取舍相反不同，而皆自谓真孔、墨，孔、墨不可复生，将谁使定世之学乎？

《孟子画像》，该画像选自英国汉学家E.T.C.沃纳所著《中国的神话与传说》（1922年出版）一书。

孔子之后，儒学分八儒，子思之儒自成一派。因此考孟子之学说渊源承继，不得不说子思。子思幼年曾受教于孔子，也就是说，孔子直接教育过这个孙子。

据孔鲋[1]撰《孔丛子·记问》记载：

①孔鲋，本名鲋甲，字子鱼，鲁国曲阜人，孔子八世孙。

夫子（孔子）闲居，喟然而叹。子思再拜，请曰："意子孙不修，将忝祖乎？羡尧舜之道，恨不及乎？"夫子曰："尔孺子安知吾志。"子思对曰："伋于进膳，闻夫子之教；其父忻薪，其子弗克负荷，是谓不孝。伋每思之，所以大恐而不懈也。"夫子忻然笑曰："然乎？吾无忧矣！世不废业，其克昌乎！"

孔子常常忧虑后世子孙不修，儒道（羡尧舜之道，恨不及乎）、家学无人继承。然而孔伋的一番话解开了孔子心中的疑虑，孔伋说："伋于进膳，闻夫子之教；其父忻薪，其子弗克负荷，是谓不孝。"这句话的意思就是孔伋表明自己继承祖志（或家学）的志向，因此，孔子欣然地说道："吾无忧矣！世不废业。"意思是自己家学传承后继有人了。

又载：

子思问于夫子曰："为人君者，莫不知任贤之逸也，而不能用贤，何故？"子曰："非不欲也，所以官人失能者由于不明也：其君以誉为赏，以毁为罚，贤者不居焉！”

再载：

子思问于夫子曰：“伋闻夫子之诏：正俗化民之政莫善于礼乐也，管子任法以治齐，而天下称仁焉，是法与礼乐异用而同功也，何必但礼乐哉？”子曰：“尧舜之化，百世不辍，仁义之风远也；管仲任法，身死则法息，严而寡恩也。若管仲之知足以定法材，非管仲而专任法，终必乱成矣。”

《孔伋石刻像》。孔伋，字子思，孔子的嫡孙，后世尊其为“述圣”。郑玄说他“子思述圣祖之德，殆有口说相传”。

通过上述三则史料记载，可以看出孔伋幼年受家教于祖父孔子，又于曾参、子游、子夏等处问学，足见其学问其修养在当世就有一定的影响。

而孟子“受业子思之门人”，也是继承了子思之儒这一学派，后世把这一学派的儒学称为“思孟学派”。

孟子之学师承渊源之外，考史实。

孟子生时，孔子“克己复礼”的大业已经没有实现的可能了。如果说春秋时期的周政权还有那么一点点影响的话，到了战国时期，周政权就已经彻底丧失了威信。战乱频繁，民不聊生，成为孟子时代的特征。

当是时，各诸侯以“攻伐为贤”，把战争当正义。诚如汉代刘向在《战国策·叙录》中所言：“上无天子，下无方伯，力功争强，胜者为右，兵革不休，诈伪并起。”因此，孟子不再出仕，“退而与万章之徒序诗书，述仲尼之意”。

孟子承继曾子、子思以孝道立说的儒家学派，孟子的道德理论以仁、义、礼、智为体，并提出了他的道德伦理规范，即《孟子·滕文公（上）》所述说：

父子有亲，君臣有义，夫妇有别，长幼有序，朋友有信。

“父子有亲”即是仁义的根本，仁义的基础是“孝悌”。由“父子有亲”达到社会伦理规范。这是孟子的重要的道德伦理学说。

与孔子一样，孟子也强调“孝悌”教化百姓。周代国家设立学孝，传播布道，孟子很重视这一点。

据《孟子·梁惠王（上）》记载：

谨庠序之教，申之以孝弟之义，颁白者不负戴于道路矣。七十者衣帛食肉，黎民不饥不寒，然而不王者，未之有也。

孟子认为，以孝悌教化百姓，形成社会养老、敬老的风气，形成一个“老吾老，以及人之老；幼吾幼，以及人之幼”[①]的良好社会状态。

这也与周公旦的礼乐制度设计是相互吻合的。孟子说：“天下之本在国，国之本在家，家之本在身。”[②]由此推之，“家之本在身”在宗法社会，则以血缘关系为纽带，而宗法社会，孝悌是安身立命的根本。简言之，孟子也以孝治天下为政治理论基础。

①出自《孟子·梁惠王（上）》。

②出自《孟子·离娄（上）》。

《孟子·万章（上）》记载说：

孝子之至，莫大乎尊亲；尊亲之至，莫大乎以天下养。为天子父，尊之至也；以天下养，养之至也。

这是孟子评论舜的孝时所说的一段话，舜之孝比作天下至孝与最高的标榜，并提出了他的“五不孝”说。“五不孝”说可以看出是孟子对以孝道为本的儒学流派的继承与发展，这正是孟子师承曾参、子思学派的明证。

据《孟子·离娄（下）》记载：

世俗所谓不孝者五：惰其四肢，不顾父母之养，一不孝也；博弈好饮酒，不顾父母之养，二不孝也；好货财，私妻子，不顾父母之养，三不孝也；从（纵）耳目之欲，以为父母戮（羞辱），四不孝也；好勇斗很（狠），五不孝也。

这段话翻译过来就是：四体不勤，好逸恶劳，一不孝；嗜酒赌博，二不孝；贪财偏妻子，三不孝；纵情声色，四不孝；好勇斗狠，惹是生非，殃及父母，五不孝。

当然这五不孝中，大部分是从个人修养角度而论，是一种道德上的评判，但是，经过数千年的农耕文明传播，也已经深入人心，被后世认为是伦理道德规范的标准之一。

在孟子的孝道思想里，孟子秉承儒家学派的“生事之”与“死祭之”，并拓展了娶妻生子，即无后为大的孝道理念。

先说“生事之”。

在“生事之”上，与孔子思想一致。孟子认为，事亲、孝顺父母是事孝的根本。

据《孟子·离娄（上）》记载：

事，孰为大？事亲为大。守，孰为大？守身为大。不失其身而能事其亲者，吾闻之矣；失其身而能事其亲者，吾未之闻也。事亲，事之本也。

孟子说，尊亲事亲为大，事亲是一切修身之本。养亲分精神孝养和物质奉养。

据《孟子·离娄（上）》记载：

不得乎亲，不可以为人；不顺乎亲，不可以为子。

即所谓顺亲、敬亲，使父母感到高兴等，都是精神孝养。至于物质奉养方面，孟子在“齐桓晋文之事”一篇中以国家养老的角度，论述了他的孝道观点。

据《孟子·梁惠王（上）》记载：

（孟子）曰：“无恒产而有恒心者，惟士为能。若民，则无恒产，因无恒心。苟无恒心，放辟邪侈，无不为已。及陷于罪，然后从而刑之，是罔民也。焉有仁人在位，罔民而可为也！是故明君制民之产，必使仰足以事父母，俯足以畜妻子，乐岁终身饱，凶年免于死亡；然后驱而之善，故民之从之也轻。今也制民之产，仰不足以事父母，俯不足以畜妻子，乐岁终身苦，凶年不免于死亡；此惟救死而恐不赡，奚暇治礼义哉！王欲行之，则盍反其本矣！五亩之宅，树之以桑，五十者可以衣帛矣；鸡豚狗彘之畜，无失其时，七十者可以食肉矣；百亩之田，勿夺其时，八口之家，可以无饥矣……”

这段言论，孟子对梁惠王、齐宣王有过同样的表述，且在《孟子·尽心（上）》中又一次提及该段论述，可见孟子的主要思想，当体现于此。该段论述的主旨是，孟子认为应与民置产，不与民争利，大抵上就是现在所说的“藏富于民”，这样民才能“仰足以事父母，俯足以畜妻子，乐岁终身饱，凶年免于死亡”，继之社会民风才会变得淳朴，孝悌之行行于家，实质是行于国。事实上，在孟子时代，已经把孝悌泛政治化了。即如他在《孟子·告子（下）》中所言：“尧舜之道，孝弟而已矣。”

上述是孟子的精神孝养和物质奉养的理念，在孔子、曾子提倡的尊亲、顺亲、养亲的基础上，又开拓的孝悌局限于家庭血缘关系的范畴，而上升到整个社会养老制度的层面上。

再说“死祭之”。

“死祭之”中，孟子也秉承“三年之丧”的观点。

据《孟子·滕文公（上）》记载：

三年之丧，齐疏之服，飦粥之食，自天子达于庶人，三代共之。

在“葬礼”的用度上，孟子提出了“力所能及”这样一个条件。《孟子·公孙丑（上）》中记载了这样一件事情：

孟子自齐葬于鲁，反于齐，止于嬴。充虞请曰：“前日不知虞之不肖，使虞敦匠事。严，虞不敢请。今愿窃有请也，木若以美然。”（孟子）曰：“古者棺椁无度，中古棺七寸，椁称之。自天子达于庶人。非直为观美也，然后尽于人心。不得，不可以为悦；无财，不可以为悦。

得之为有财，古之人皆用之，吾何为独不然？且比化者，无使土亲肤，于人心独无恔乎？吾闻之也，君子不以天下俭其亲。”

大意是他的弟子充虞看到孟子安葬其母所用棺椁奢华漂亮，便以疑问的口气说：“你安葬你母亲的棺椁似乎太华美了！”孟子认为在符合礼的要求下，又能力所能及的情况下，厚葬也是无可厚非的。

朱熹在《孟子集注》中说：“事生固当爱敬，然亦人道之常耳；至于送死，则人道之大变。孝子之事亲，舍是无以用其力矣。故尤以为大事，而必诚必信，不使少有后日之悔也。”

以上又可以看出，孟子提倡厚葬，但是加了一个前提条件：力所能及。不过需要指出的是，这与孔子提倡的简葬、薄葬有别。

关于孝的问题，孟子进行了自己的发展。据《孟子·离娄（上）》记载：

孟子曰：“不孝有三①，无后为大。舜不告而娶，为无后也。君子以为犹告也。”

没有后代成为最大的不孝。舜娶妻不告，视为不孝。在孟子眼里，娶妻要告诉父母，这才是君子应该做的。

①焦循《孟子正义》注释说：“于礼有不孝者三事：谓阿意曲从，陷亲不义，一不孝也；家贫亲老，不为禄仕，二不孝也；不娶无子，绝先祖祀，三不孝也。”

明代吕兆祥撰《宗圣志》中的孟子画像。

“不孝有三，无后为大”的理念，或许在今天看来不合时宜，但是在传统农业社会，人丁兴旺，一直是社会和经济发展的动力所在，用经济上的话讲，是人口红利。放在当时的社会大背景下，这个理论却是符合社会现实的——由于古代医疗技术条件落后、疾疫流行、战争频繁等因素，导致人口增长缓慢，因此，人口繁衍是当时现实所需要。我们不能以今人的眼光，评判那个时代的标准。

据《孟子·公孙丑（上）》记载：

孟子曰：夏后、殷、周之盛，地未有过千里者也，而齐有其地矣；鸡鸣狗吠相闻，而达乎四境，而齐有其民矣。

孟子的意思是，齐国强大是因为：一是有其地；二是人口多。他还强调：“诸侯之宝三：土地，人民，政事。”言外之意就是重视人口的发展，人口的众多，会带动国家的强大，军事和政治的强大，经济的强大。他的政治主张，使他有“不孝有三，无后为大”的理念，也就不足以奇怪了。

孟子在《孟子·离娄（上）》中对自己的孝道理论作了综述，孟子说：“仁之实，事亲是也；

义之实，从兄是也；智之实，知斯二者弗去是也；礼之实，节文斯二者是也。乐之实，乐斯二者，乐则生矣！”仁的实质是侍奉父母，此孝也；义的实质是顺从兄长，此顺也（兄友弟恭）；孝道便由此而出矣！

在孟子的观念里，孝的内涵已经变得丰富，孝已不仅仅是家庭血缘伦理道德的范畴了，他的思想里仁及的是他人。

据《孟子·离娄（下）》记载：

孟子曰：“君子所以异于人者，以其存心也。君子以仁存心，以礼存心。仁者爱人，有礼者敬人。爱人者，人恒爱之；敬人者，人恒敬之。有人于此，其待我以横逆，则君子必自反也：我必不仁也，必无礼也，此物奚宜至哉？其自反而仁矣，自反而有礼矣，其横逆由是也，君子必自反也：我必不忠。自反而忠矣，其横逆由是也，君子曰：‘此亦妄人也已矣。如此，则与禽兽奚择哉？于禽兽又何难焉？’是故君子有终身之忧，无一朝之患也。乃若所忧则有之：舜，人也；我，亦人也。舜为法于天下，可传于后世。我由未免为乡人也，是则可忧也。忧之如何？如舜而已矣。若夫君子所患则亡矣。非仁无为也，非礼无行也。如有一朝之患，则君子不患矣。”

上述孟子所倡导的仁、礼之道，本质上仍是以孝为本，

即如其言“仁之实，事亲是也”，

总之，孟子的孝悌说，是想达到一个这样的社会生活状态：老有所养，老有所依；以人为本，仁及他人，正如他在《孟子·离娄（上）》中所勾画的蓝图：

道在尔而求诸远，事在易而求之难。人人亲其亲、长其长而天下平。

但是，司马迁在为其作传时，也指出孟子的思想有点理想主义，即政治主张高于社会现实，故在《史记·孟子荀卿列传》中评说孟子道：“六国之末，战胜相雄。轲游齐、魏，其说不通。退而著述，称吾道穷。”这段评价十分中肯。

孟子纪念石碑
（元代刻立）

荀子与《子道》

荀子，名况，字卿，战国末期赵国人。

荀子和孟子都是儒家学派中的重要代表人物，但是，荀子的学说与孟子有所不同，孟子提出“性善论”，荀子则主张“性恶论”。

荀子虽为后世学者所贬损，如宋代理学大家程颐在《二程遗书》中说:“荀子极偏驳，只一句性恶，大本已失。”老夫子朱熹也在《朱子语类》中说：“不须理会荀卿，且理会孟子性善。”然而，不掩荀子之影响，即在荀子时代，荀子受欢迎的程度要比孟子高。

据司马迁《史记·孟子荀卿列传》记载：孟子“迂远而阔于事情”（思想不合于现实），所以，孟子只能“而与万章之徒序诗书，述仲尼之意”（只能讲学受徒，传播孔子学说）；荀子则“最为老师，齐尚修列大夫之缺，而荀卿三为祭酒焉”，又“适楚，而春申君以为兰陵令”（多次从政为官，受到现实政治宠爱），由是观之，荀子为现实所重倒确有其事。

至汉代，董仲舒“推明孔氏，抑黜百家”时，荀子之学一度达到鼎盛，“六经”中的《诗》《易》《礼》《乐》等，都深含荀学的影子。董仲舒在一定程度上也是受到儒家荀学一派的影响，比如其“天人合一”“主定学术于一尊”等思想主张，即受荀学之影响。而孟子在汉代虽被视为“孟荀齐号”，但实际地位远远不如荀子。孟子的影响力，直到唐宋之际，因理学崛起，他的思想才为世所重。

钱穆先生在《国史大纲》中如是评说：

荀子则主礼治。礼为人伦，荀子则要把他的新人伦观来重定社会秩序，主去世袭之贵族而以才智为等级（与孔、孟所言礼，其内容各不同。秦、汉以下政治，渐走上此路）。

大抵言明了荀子的历史影响与地位。如果说孟子主张《诗》《书》之教化作用，则荀子主张刑罚之治，为什么主张刑罚，因为荀子认为“人性恶”。这就是荀子的礼法刑名之思想，或称礼乐之思想，大别于孔子的礼乐之思想。

同时，他的学生韩非子、李斯都是法家的代表人物，后世儒家学派也一直对此有非议。司马迁在《史记》中这样记载李斯：“乃从荀卿学帝王之术。”北宋文学家苏轼也在《荀卿论》中说：“荀卿明王道，述礼乐，而李斯以其学乱天下。”都是言指的这一事情。

对于孔子的孝悌观念，荀子既有继承，又有所发展了儒家的孝悌理论。需要指出的是，荀子对儒家的孝悌观念继承的少，摒弃的多。关于荀子的孝悌理论见于《礼论》《性恶》《大略》《子道》诸篇，并与其他论述“礼”的诸篇相切合。

据《荀子·大略》记载：

夫行也者，行礼之谓也。礼也者，贵者敬焉，老者孝焉，长者弟焉，幼者慈焉，贱者惠焉。

荀子强调了礼与孝的关系。这与孔子、孟子的孝悌观念有所不同。荀子的孝悌理念，孝悌不是根本，而是礼制的辅助条件。换句话说，在荀子的孝悌理念中，孝悌摆脱了纯粹的家庭血缘的伦理道德要求，而上升到君道、臣道、子道等社会礼制层面。故荀子如是说：“礼者，人道之极也。然而不法礼，不足礼，谓之无方之民；法礼，足礼，谓之有方之士。”[1]

①出自《荀子·礼论》。

据《荀子·君道》记载：

请问为人君？曰：以礼分施，均遍而不偏。请问为人臣？曰：以礼待君，忠顺而不懈。请问为人父？曰：宽惠而有礼。请问为人子？曰：敬爱而致文。请问为人兄？曰：慈爱而见友。请问为人弟？曰：敬诎而不苟。请问为人夫？曰：致功而不流，致临而有辨。请问为人妻？曰：

夫有礼，则柔从听待，夫无礼，则恐惧而自竦也。此道也，偏立而乱，俱立而治，其足以稽矣。请问兼能之奈何？曰：审之礼也。古者先王审礼以方皇周浃于天下，动无不当也。故君子恭而不难，敬而不巩，贫穷而不约，富贵而不骄，并遇变态而不穷，审之礼也。故君子之于礼，敬而安之；其于事也，径而不失；其于人也，寡怨宽裕而无阿；其所为身也，谨修饰而不危；其应变故也，齐给便捷而不惑；其于天地万物也，不务说其所以然而致善用其材；其于百官之事、技艺之人也，不与之争能而致善用其功；其待上也，忠顺而不懈；其使下也，均遍而不偏；其交游也，缘义而有类；其居乡里也，容而不乱。是故穷则必有名，达则必有功，仁厚兼覆天下而不闵，明达用天地理、万变而不疑，血气和平，志意广大，行义塞于天地之间，仁知之极也，夫是之谓圣人。审之礼也。

大意是，作为人君要“以礼分施，均遍而不偏”；作为人臣要“以礼待君，忠顺而不懈”；作为人父要“宽惠而有礼”；作为人子要“敬爱而致文”；作为人兄要“慈爱而见友”；作为人弟要“敬诎而不苟”；作为丈夫要“致功而不流，致临而有辨”；作为人妻要“夫有礼则柔从听待，夫无礼则恐惧而自竦也”。

由于重礼制，所以荀子的学术思想、政治诉求以“礼”为宗，即礼是本，孝悌是附。并在《荀子·礼论》中作出了归纳性论述：

礼有三本：天地者，生之本也；先祖者，类之本也；君师者，治之本也。无天地，恶生？无先祖，恶出？无君师，恶治？三者偏亡，焉无安人。故礼，上事天，下事地，尊先祖，而隆君师。是礼之三本也。

在以“礼”为宗的思想指导下，荀子对“生事之”和“死事之”做出了他自己的阐释。

先说“死事之”。

按照“礼”的规定与原则，荀子对为什么要实行“三年之丧”做了详细的说明。

据《荀子·礼论》记载：

三年之丧何也？曰：称情而立文，因以饰群，别亲疏贵贱之节，而不可益损也。故曰：无适不易之术也。创巨者其日久，痛甚者其愈迟，三年之丧，称情而立文，所以为至痛极也。齐衰、苴杖、居庐、食粥、席薪、枕块，所以为至痛饰也。三年之丧二十五月而毕，哀痛未尽，思慕未忘，然而礼以是断之者，岂不以送死有已，复生有节也哉！凡生天地之间者，有血气之属必有知，有知之属莫不爱其类。今夫大鸟兽则失亡其群匹，越月踰时，则必反铅；过故乡则必徘徊焉，鸣号焉，踯躅焉，踟蹰

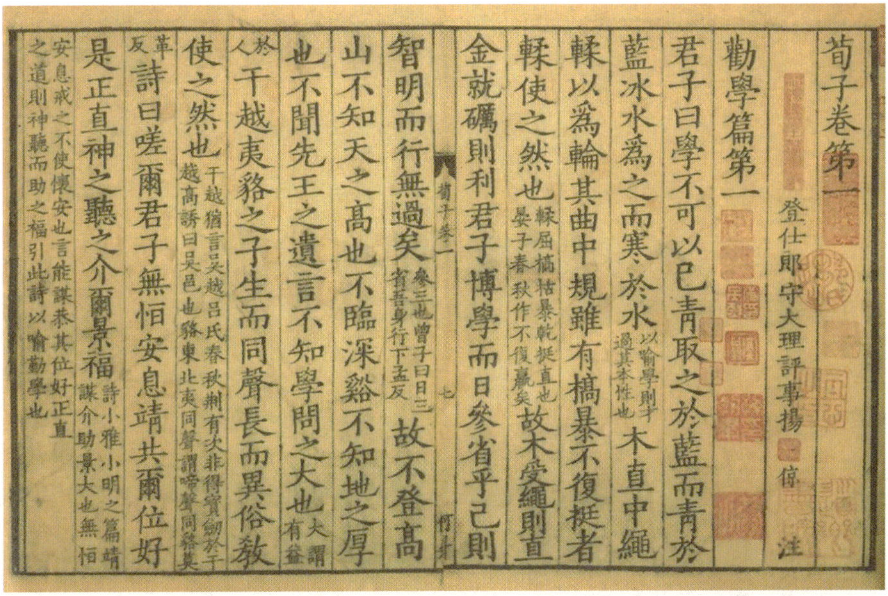
荀子卷第一
登仕郎守大理評事楊倞注
勸學篇第一
君子曰學不可以已青取之於藍而青於藍冰水爲之而寒於水以喻學則才過其本性也木直中繩輮以爲輪其曲中規雖有槁暴不復挺者輮使之然也輮屈槁枯暴乾挺直也晏子春秋作不復贏矣故木受繩則直金就礪則利君子博學而日參省乎己則智明而行無過矣參三也曾子曰日三省吾身行下孟反故不登高山不知天之高也不臨深谿不知地之厚也不聞先王之遺言不知學問之大也大謂有益於人干越夷貉之子生而同聲長而異俗教使之然也干越猶言吳越呂氏春秋荊有次非得寶劍於干越高誘曰吳邑也貉東北夷同聲謂啼聲同貉莫革反詩曰嗟爾君子無恒安息靖共爾位好是正直神之聽之介爾景福詩小雅小明之篇靖謀介助景大也無恒安息戒之不使懷安也言能謀恭其位好正直之道則神聽而助之福引此詩以喻勸學也
荀子卷一 七

宋代刻本《荀子》书影

焉，然后能去之也。小者，是燕爵，犹有啁噍之顷焉，然后能去之。故有血气之属莫知于人；故人之于其亲也，至死无穷。将由夫愚陋淫邪之人与，则彼朝死而夕忘之；然而纵之，则是曾鸟兽之不若也，彼安能相与群居而无乱乎？将由夫修饰之君子与，则三年之丧，二十五月而毕，若驷之过隙，然而遂之，则是无穷也。故先王圣人安为之立中制节，一使足以成文理，则舍之矣。

在荀子认为，三年之丧，是以血缘情感而确立礼仪制度，三年之丧，也是别亲属、区贵贱的一种礼仪。为了体现这种亲疏贵贱情感的差别，所以有三年之丧，即所谓的“称情而立文，所以为至痛极也”。三年之丧的时间取舍，则源于“天道自然”的法则，故荀子说：“上取象于天，下取象于地，中取则于人，人所以群居和一之理尽矣。故三年之丧，人道之至文者也，夫是之谓至隆。”[①]一年有四季，四季有轮回，故服丧三年取法于农历每三年置一闰月之说。

①出自《荀子·礼论》。

如此注重“死事之”，也源于礼，既然三年之丧确定了礼仪的制度，则“死事之”必然以礼为据，故荀子认为：

礼者，谨于治生死者也。生，人之始也；死，人之终也。终始俱善，人道毕矣。故君子敬始而慎终，终始如一，是君子之道，礼义之文也。

因为“生，人之始也”，所以“生”很重要；“死，人之终也”，“死”也同等重要，只有“终始俱善”，才算是“孝道”。“故君子敬始而慎终，终始如一，是君子之道，礼义之文也。”按照荀子的说法，如果只重“生”，不重“死”，则有违人道。

《荀子·礼论》如是说：

夫厚其生而薄其死，是敬其有知，而慢其无知也，是奸人之道而倍叛之心也。君子以倍叛之心接臧谷，犹且羞之，而况以事其所隆亲乎！

由于荀子既重生，又重死之事，所以，荀子说：“丧礼者，以生者饰死者也，大象其生以送其死也，故事死如事生，事亡如事存，始终一也。”[①]

① 出自《荀子·礼论》。

荀子在重死之事上，还提出了诸多繁文缛节，其重死之事，后世无出其右。诚如《荀子·礼论》所言：

始卒，沐浴、鬠体、饭唅，象生执也。不沐则濡栉三律而止，不浴则濡巾三式而止。充耳而设瑱，饭以生稻，唅以槁骨，反生术矣。设亵衣，袭三称，缙绅而无钩带矣。设掩面儇目，鬠而不冠笄矣。书其名，置于其重，则名不见而柩独明矣。荐器：则冠有鍪而毋縰，瓮庑虚而不实，有簟席而无床笫，木器不成斲，陶器不成物，薄器不成内，笙竽具而不和，琴瑟张而不均，舆藏而马反，告不用也。具生器以适墓，象徙道也。略而不尽，貌而不功，趋舆而藏之，金革辔靷而不入，明不用也。象徙道，又明不用也，是皆所以重哀也。故生器文而不功，明器貌而不用。凡礼，事生，饰欢也；送死，饰哀也；祭祀，饰敬也；师旅，饰威也。是百王之所同，古今之所一也，未有知其所由来者也。故圹垄、其貌象室屋也；棺椁、其貌象版盖斯象拂也；无帾丝歶缕翣，其貌以象菲帷帱尉也。抗折，其貌以象槾茨番阏也。故丧礼者，无他焉，明死生之义，送以哀敬，而终周藏也。故葬埋，敬藏其形也；祭祀，敬事其神也；其铭诔系世，敬传其名也。事生，饰始也；送死，饰终也；终始具，而孝子之事毕，圣人之道备矣。

文饰死者之容貌，成为荀子“送死饰终”之重要的礼仪环节，这样才能算“孝子之事毕，圣人之道备”。

如果做不到这些，按照《荀子·礼论》所言则是：

故死之为道也，一而不可得再复也，臣之所以致重其君，子之所以致重其亲，于是尽矣。故事生不忠厚，不敬文，谓之野；送死不忠厚，不敬文，谓之瘠。

意思是，如果对事生、送死这样的事情表现出不忠厚和不敬重的话，则不合于礼，且是很野蛮很粗鄙的做法，即“君子贱野而羞瘠”。

再说“生事之”。

关于“生事之”，荀子在《荀子·子道》中做了详细阐述。据《荀子·子道》引述子路与孔子的对话说：

子路问于孔子曰：“有人于此，夙兴夜寐，耕耘树艺，手足胼胝，以养其亲，然而无孝之名，何也？”

孔子曰：“意者身不敬与？辞不逊与？色不顺与？古之人有言曰：衣与！缪与！不女聊。今夙兴夜寐，耕耘树艺，手足胼胝，以养其亲，无此三者，则何为而无孝之名也？”

孔子曰：“由，志之！吾语女。虽有国士之力，不能自举其身，非无力也，势不可也。故入而行不修，身之罪也；出而名不章，友之过也。故君子入则笃行，出则友贤，何为而无孝之名也？”

敬（敬重）、顺（顺从）、养（赡养）也是构成荀子孝悌理论的三个必要条件。

其中提到的顺（顺从），荀子也有不一样的解读，在荀子看来，顺也不是盲目地顺，而是有选择、有辨别是非的顺从。

据《荀子·子道》记载：

鲁哀公问于孔子曰：“子从父命，孝乎？臣从君命，贞乎？”三问，孔子不对。

孔子趋出，以语子贡曰：“乡者，君问丘也，曰：‘子从父命，孝乎？臣从君命，贞乎？’三问而丘不对，赐以为何如？”

子贡曰：“子从父命，孝矣；臣从君命，贞矣。夫子有奚对焉？”

孔子曰：“小人哉，赐不识也！昔万乘之国有争臣四人，则封疆不削；千乘之国有争臣三人，则社稷不危；

百乘之家有争臣二人，则宗庙不毁。父有争子，不行无礼；士有争友，不为不义。故子从父，奚子孝？臣从君，奚臣贞？审其所以从之之谓孝、之谓贞也。”

鲁哀公问于孔子：“儿子服从父亲的命令，就是孝顺吗？臣子服从君主的命令，就是忠贞吗？”问了三次，孔子不回答。

孔子归来之后对弟子子贡讲了一遍，子贡的意思顺从就是忠孝，孔子却批评了子贡，认为子贡是小人之见。孔子认为，君、父的言行错误，要进行谏诤，不能一味顺从，才算是忠孝，即“父有争子，不行无礼；士有争友，不为不义”。

对于孔子的谏诤观点，荀子是持认同态度的。

荀子在《子道》中做出了他自己的解读：

入孝出弟，人之小行也。上顺下笃，人之中行也；从道不从君，从义不从父，人之大行也。若夫志以礼安，言以类使，则儒道毕矣。虽尧舜不能加毫末于是矣。

荀子把孝悌分为三个等级：“入孝出弟”是做人的基本原则，也即孝悌局限于家庭伦理层面，这是“小行（德）”；“上顺下笃”，即对上顺从，对下厚道，是“中行”，“中行”已上升到社会伦理层面；所谓“从道不

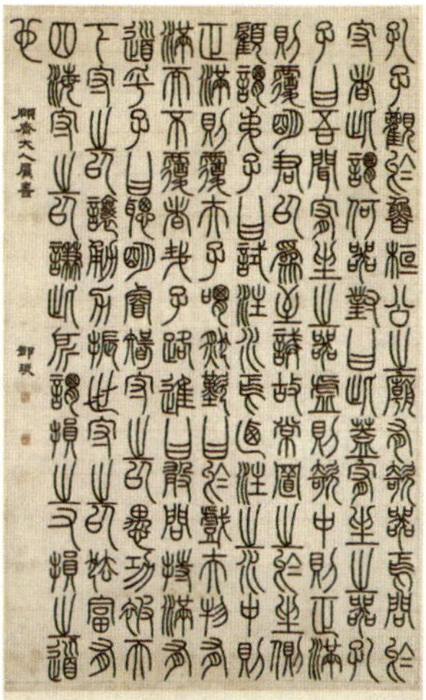

《荀子·宥坐（篆书）》，清代邓石如书。

从君，从义不从父”是“大行”，已上升到哲学层面，道，天道也，天理也；义，理也，天道之礼也。这是荀子的论孝悌的政治内涵，“大行”的目的是为政治服务的。如果达到了“大行”，虽尧舜亦能有所增益了。

在这个三个“孝悌等级”的思想原则下，荀子提出“孝子所不从命”者的三个原则。据《荀子·子道》记载：

孝子所不从命有三：从命则亲危，不从命则亲安，孝子不从命乃衷；从命则亲辱，不从命则亲荣，孝子不从命乃义；从命则禽兽，不从命则修饰，孝子不从命乃敬。故可以从命而不从，是不子也；未可以从而从，是不衷也；明于从不从之义，而能致恭敬，忠信、端悫、以慎行之，则可谓大孝矣。传曰：“从道不从君，从义不从父。”此之谓也。故劳苦、雕萃而能无失其敬，灾祸、患难而能无失其义，则不幸、不顺见恶而能无失其爱，非仁人莫能行。诗曰：“孝子不匮。”此之谓也。

服从父母命则陷父母于危难，就不服从父母命，一不从也；服从父母命则陷父母于耻辱，就不服从父母命，二不从也；服从父母命则像禽兽一样野蛮，就不服从父母命，三不从也。即“从道不从君，从义不从父”，依据道义，而不盲目服从，遵守礼制，辨识人道与非道义。

荀子说：“天下从之（礼）者治，不从之者乱；从之者安，不从之者危；从之者存，不从之者亡。”是故，荀子论孝悌，重在礼，以礼为制（制度规范），以孝悌为辅，这与孔子所主张的以仁为本的学说不同，仁的核心和根本是孝悌。

也可以说，孔子的儒家学说，至荀子大变矣。故司马迁作《史记·孟子荀卿列传》时说道：

荀卿嫉浊世之政，亡国乱君相属，不遂大道而营于巫祝，信禨祥，鄙儒小拘，如庄周等又猾稽乱俗，于是推儒、墨、道德之行事兴坏，序列著数万言而卒。

按照司马迁的说法“推儒、墨、道德之行事兴坏，序列著数万言而卒”，言外之意，荀学本身已杂糅儒、墨、道诸家学说，加之其本身重刑名，有法家之学，荀学已非纯正的孔子儒学了。

汉代以后，荀学虽为学者所诟病，但是，荀学对现实影响之大，却是不争之实。

管子的政治实验

管子，姬姓，管氏，名夷吾，字仲，谥敬，春秋时人，被誉为“法家先驱”。他一度在齐国做官，并在齐桓公元年（公元前685年）任齐相。

据司马迁《史记·管晏列传》记载：

管仲既用，任政于齐，齐桓公以霸，九合诸侯，一匡天下，管仲之谋也。

春秋时期，齐国称霸诸侯，全赖管子之功劳，可见管子之治国理政之才能，故司马迁评说他：“其为政也，善因祸而为福，转败而为功。贵轻重，慎权衡。”由于管子突出的经济改革，在管子死后，因遵循管子的政策，齐国还能常常称霸于诸侯。

管子在齐国任相施行政治经济改革时，他提出了“九惠之教”的政策，即九项与民生息息相关的政策。

据《管子·入国》记载：

入国四旬，五行九惠之教。一曰老老，二曰慈幼，三曰恤孤，四曰养疾，五曰合独，六曰问疾，七曰通穷，八曰振困，九曰接绝。

这九项政策，项项深入人心，颇为世人称道。

据《管子·入国》记载：

所谓老老者，凡国、都皆有掌老，年七十已上，一子无征，三月有馈肉；八十已上，二子无征，月有馈肉；九十已上，尽家无征，日有酒肉。死，上共棺椁。劝子弟：精膳食，问所欲，求所嗜。此之谓老老。

七十、八十、九十这三个年龄段都会受到政府不同的物资资助，而且到死了，政府还提供棺椁。这是管子从行政层面提出的养老、恤老政策。

管子的政策，事实上，也契合了周公旦的养老之策。而养老则可以视作是孝悌的核心议题，所谓“劝子弟：精膳食，问所欲，求所嗜”“此之谓老老”，已经囊括了孝的要义。

在管子的学说中，其虽以法名于世，但其论述孝悌之道的义理，却十分精妙。但是，管子的孝悌思想，一直没有得到足够的重视。从历史发展的主线而言，管子对于孝道文化的建立，具有开拓性的意义，其率先论述了孝悌的家族血缘伦理和社会伦理秩序的价值。其关于孝悌理论，据《管子·形势解》记载：

天覆万物，制寒暑，行日月，次星辰，天之常也。治之以理，终而复始。主，牧万民，治天下，莅百官，主之常也。治之以法，终而复始。和子孙，属亲戚，父母之常也。治之以义，终而复治。敦敬忠信，臣下之常也。以事其主，终而复始。爱亲善养，思敬奉教，子妇之常也。以事其亲，终而复始。故天不失其常，则寒暑得其时，日月星辰得其序。主不失其常，则群臣得其义，百官守其事。父母不失其常，则子孙和顺，亲戚相欢。臣下不失其常，则事无过失，而官职政治。子妇不失其常，则长幼理而亲疏和。故用常者治，失常者乱。天未尝变，其所以治也。故曰："天不变其常。"

此篇所言爱亲善养、思敬奉教、以事其亲，总括起来，即孝道是天道、人道、君道，"事亲尽孝"是做人的通行法则，同时也指出了孝道包含明长幼、别亲疏。

又《管子·形势解》记载：

地生养万物，地之则也。治安百姓，主之则也。教护家事，父母之则也。正谏死节，臣下之则也。尽力共养，子妇之则也。地不易其则，故万物生焉。主不易其则，故百姓安焉。父母不易其则，故家事辨焉。臣下不易其则，故主无过失。子妇不易其则，故亲养备具。故用则者安，不用则者危。地未尝易，其所以安也。故曰：“地不易其则。”

此篇所言，则强调了供养尽孝是为子妇之道，是法则，也是义务。既然“地不易其则”，那么为人子妇者也不能易其则。

据《管子·五辅》：

是故圣王饬此八礼，以导其民；八者各得其义，则为人君者，中正而无私。为人臣者，忠信而不党。为人父者，慈惠以教。为人子者，孝弟以肃。为人兄者，宽裕以诲。为人弟者，比顺以敬。为人夫者，敦懞以固。为人妻者，劝勉以贞。

在这里，管子提出了父慈子孝、兄友弟恭的“孝悌”理念，这也是“孝悌”观念在有据可考中首次见诸史籍。

上述三则关于“孝道”的论述，管子均与社会伦理秩序合论，可证，在管子的孝悌观念里，孝悌已经触及社会伦理层面，不再局限于家族血缘伦理层面。

在《管子·弟子职》里，更是明确了“孝悌”属于社会伦理范畴：

先生施教，弟子是则。温恭自虚，所受是极。见善从之，闻义则服。温柔孝弟，毋骄恃力……

后世经学家也常把这篇《弟子职》编录于“孝经类”目录或集传，也肯定了“孝悌”属于社会伦理范畴的意义。

在管仲之时，他已经把孝悌看成重要的德行之一，并在《管子·形势解》中给予了明确定位：

山者，物之高者也。惠者，主之高行也。慈者，父母之高行也。忠者，臣之高行也。孝者，子妇之高行也。故山高而不崩则祈羊至，主惠而不解则民奉养，父母慈而不解则子妇顺，臣下忠而不解则爵禄至，子妇孝而不解则美名附。故节高而不解，则所欲得矣；解，则不得。故曰：“山高而不崩则祈羊至矣。”

行，德也。大意是，施惠于民是君主的高行；慈爱是父母的高行；忠君是人臣的高行；孝亲，是子、妇的高行。如果做到了君主能施惠则人民拥戴，父母能慈爱则子、妇孝顺，臣下能忠君则得爵禄，子、妇孝亲则有美名。

管子不仅是孝道伦理的传布者，他本身也是一位孝子。据司马迁《史记·管晏列传》记载：

管仲曰：“吾始困时，尝与鲍叔牙贾，分财利多自与，鲍叔牙不以我为贪，知我贫也。吾尝为鲍叔牙谋事而更穷困，鲍叔牙不以我为愚，知时有利不利也。吾尝三仕三见逐于君，鲍叔牙不以我为不肖，知我不遭时也。吾尝三战三走，鲍叔牙不以我为怯，知我有老母也……生我者父母，知我者鲍子也。”

《管仲画像》

由这段自述中可以看出管子也是一位尽心尽孝之人。由此及彼，由己及人，他任齐国相推行改革的时候，能颁布“九惠之教”，从孝敬自己的父母，到推行养老、恤老政策，弘扬天下之大孝，这些与他的个人道德品格及人身修养有很大的关系。

或者，也可以说这些政策的实施，正是管子对于自己一贯推崇的孝悌理论的政治实验。同时，需要指出的是，管仲的孝道理念，是儒家孝悌学说的源头，即后世儒家的孝悌学说是对管仲孝悌理论的继承与发展，才有了传承数千年的儒家孝道文化。

管子早生于孔子百余年，换句话说，当管子论述孝道理论时，孔子还未出生。由于时代相去不远，孔子之时，对这位法家的开拓者，还是十分关注的，在孔子与诸弟子的对话中，先后四次评价过管子这个人。这四次对话皆见于《论语》，其中《八佾》一则，《宪问》三则。

为了便于说明问题，摘录如下：

子曰："管仲之器小哉！"或曰："管仲俭乎？"曰："管氏有三归，官事不摄，焉得俭？""然则管仲知礼乎？"曰："邦君树塞门，管氏亦树塞门；邦君为两君之好，有反坫，管氏亦有反坫。管氏而知礼，孰不知礼？"（《论语·八佾》）

或问子产。子曰："惠人也。"问子西。曰："彼哉彼哉。"问管仲。曰："人也。夺伯氏骈邑三百，饭疏食，没齿，无怨言。"（《论语·宪问》）

子路曰："桓公杀公子纠，召忽死之，管仲不死。"曰："未仁乎？"子曰："桓公九合诸侯，不以兵车，管仲之力也。如其仁！如其仁！"[1]（《论语·宪问》）

子贡曰："管仲非仁者与？桓公杀公子纠，不能死，又相之。"子曰："管仲相桓公，霸诸侯，一匡天下，民到于今受其赐。微管仲，吾其被发左衽矣。岂若匹夫匹妇之为谅也，自经于沟渎而莫之知也。"（《论语·宪问》）

①管仲最初辅佐公子纠，通俗地讲，管仲的第一个主子是公子纠，齐桓公杀公子纠，鲍叔牙向齐桓公推荐管仲为相，管仲受之。管仲忘君事雠，有不忠之心，但是，孔子并没有否定管仲的功绩。

四段对话，孔子给了管子四个评价，依次是：管仲这个人器小、不俭、不知礼；管仲是个人才；管仲有不经过战争摧毁的“九合诸侯”之功；管仲为相齐国，让百姓受到其政策的恩惠。

从孔子对管仲的这四条评价来看，孔子对于管子的生平事迹、言行、思想主张等，应该是非常了解的，那么是不是可以推断，孔子论孝悌时，应对管子的孝悌理论有所借鉴。

答案是，有借鉴。

这就是接下来要说的问题，考渊源。

虽然孔子没有直言他对管子论孝悌的看法，但是他的学生有子，却有承继管子思想的言论。《管子·戒》：“孝弟者，仁之祖也。”《论语·学而》：“有子曰：‘孝弟也者，其为仁之本与！’”“仁之祖”和“仁之本”其义一样，可证儒家的孝悌理论基本承继了管仲的孝悌思想。

总之，管仲因其致力于在社会上推行孝道、养老，使得百姓和睦，养老恤老，尊亲重孝之风盛行，这是一个法家学派的代表人物对社会的实际贡献，也是引领传统儒家孝道文化发展的思想之源。

若以今日论之，作为法家先驱管子的孝悌思想，是研究儒家孝道文化的材料补充；管子以孝道养老作为行政之策，对今日现实社会仍有裨益。

出身儒门的墨家孝悌观

墨子，名翟，墨家学派创始人。墨子是宋国贵族目夷的后代，据考，墨本非其姓，据《广韵》注说：“宋公子目夷之后以目夷为氏”，后改称墨夷。墨子祖上贵族，但是到他这一代，已经彻底衰败了，据他在《墨子·贵义》所言称“翟上无君上之事，下无耕农之难”，由此推断他应该是一个手工业者或者工人，后又走上底层士人队伍[①]。

①《墨子·尚贤（上）》记载，墨子云：“列德而尚贤，虽在农与工肆之人，有能择举之人。”这可证实他的出身与学术渊源来历，也符合他思想中一以贯之的“兼爱”思想主张。

由于生活阶层不一样，所以其视野也不一样，这是形成墨学思想的重要因素所在。诚如钱穆先生在《国史大纲》中所说：“孔子所传多系儒士，虽非贵族，亦与贵族为近（孔子常称“君子”，即当时贵族之称也）。墨为工人，亦居国（即城市中人）较之农民（乡里人）易受学术空气之熏染；又工人集团而居，更易自成家派（墨家亦颇有似后世江湖秘密结社的样子）。墨子对于当时贵族阶级的一切生活，抱着彻底反对的态度，因此有非礼、非乐的主张。”

这是墨子思想形成的根源。

司马迁的《史记》没有为墨子作传，关于墨子的论述，仅散落于其他传中，如《史记·孟子荀卿列传》中说："盖墨翟，宋之大夫，善守御，为节用。或曰并孔子时，或曰在其后。"又在论及荀子治学渊源时说："于是推儒、墨、道德之行事兴坏，序列著数万言而卒。"至于司马迁为何不给墨子作传，其原因难考。

但是，先秦时期，在百家争鸣中，墨学与儒学并驾齐驱，并称"显学"，墨子的影响力确实很大，在《荀子》一书中，多次提及墨子，虽为抨击，但从另一面也间接证实了墨学之盛。如《荀子·成相》：

凡成相，辨法方，至治之极复后王。慎墨季惠，百家之说诚不详。

墨即墨子，荀子说墨子学说是胡说八道。

又《荀子·成相》：

世无王，穷贤良，暴人刍豢，仁人糟糠；礼乐息灭，圣人隐伏墨术行。

这段类似打油诗的话，更间接表明了墨学的盛行。

由此可见墨家学派的理论具有一定的社会基础和社会反响。在当时，儒家、墨家并重于世，有"非儒即墨"

《墨子画像》

的赞誉。

据《韩非子·显学》记载：

世之显学，儒墨也。儒之所至，孔丘也；墨之所至，墨翟也。

又《吕氏春秋·仲春纪》记载：

孔墨之后学显荣于天下者众矣，不可胜数。

足证墨子之学已经颇为流行，否则，儒家的代表人物孟子、荀子也就大可不必对墨家学说进行攻击了。

考究墨子的学术源流，又源于儒学，早年，墨子师承儒家学派。据《淮南子·要略训》记载：

墨子学儒者之业，受孔子之术。

墨子曾致学于《诗》《书》《春秋》等儒家典籍。但墨子又是一位很奇怪的人物，后来，他创立墨家学派之后，对儒家学说甚是不满，他认为儒家“以为其礼烦扰而不说（悦），厚葬靡财而贫民，久服伤生而害事，故背周道而用夏政”。

修建于明代的崇武古城，很好地体现了墨家的非攻思想。非攻即言墨家善守御，又善为守御之机械制造，故墨学为当时所重，也大抵出于此原因。

墨子反对儒学之后，自创学说，独立一派。

据《墨子·鲁问》记载：

凡入国，必择务而从事焉。国家昏乱，则语之尚贤、尚同；国家贫，则语之节用、节葬，国家喜音湛湎，则语之非乐、非命；国家淫辟无礼，则语之尊天、事鬼；国家务夺侵凌，则语之兼爱、非攻，故曰择务而从事焉。

在这里，墨子提出了墨家学说的十大主张，即尚贤、尚同、节用、节葬、非乐、非命、尊天、事鬼、兼爱、非攻。

我们通过墨学的主张可以看出，墨子既反对儒学，又吸收了不少的儒学思想。如《韩非子·显学》所言：“孔子、墨子俱道尧、舜，而取舍不同。”特别在孝悌的观念上，虽然，儒家是以宗法社会的家庭伦理角度论孝悌，而墨子以兼爱的角度论述孝悌，殊途同归的是，其目的是一样的。

如在“死事之”上，孔子主张简丧薄葬，孟子提出量力而行，墨子则主张节葬。

据《墨子·节葬（下）》记载：

子（子：尊称，故言子墨子）墨子曰：“昔者尧北教乎八狄，道死，葬蛩山之阴，衣衾三领，谷木之棺，葛以缄之，既犯而后哭，满坎无封。已葬，而牛马乘之。舜西教乎七戎，道死，葬南己之市，衣衾三领，谷木之棺，葛以缄之。已葬，而市人乘之。禹东教乎九夷，道死，葬会稽之山，衣衾三领，桐棺三寸，葛以缄之，绞之不合，通之不坎，土地之深，下毋及泉，上毋通臭。既葬，收余壤其上，垄若参耕之亩，则止矣。若以此若三圣王者观之，则厚葬久丧，果非圣王之道。故三王者，皆贵为天子，富有天下，岂忧财用之不足哉？以为如此葬埋之法。”

在墨子看来，简丧薄葬是上古三圣王之道，而厚葬久丧，非圣王之道。从反面印证厚葬不代表富有，节葬也不代表贫穷。进一步论之，节葬也不是衡量孝行的标准。

在此基础上，墨子提出了他的葬埋之法，据《墨子·节葬（下）》记载：

子墨子制为葬埋之法曰："棺三寸，足以朽骨；衣三领，足以朽肉；掘地之深，下无菹漏，气无发泄于上，垄足以期其所，则止矣。哭往哭来，反从事乎衣食之财，佴乎祭祀，以致孝于亲。故曰子墨子之法，不失死生之利者，此也。"

墨子主张的节葬之法，实源于久丧厚葬已成陋习，用费无度，实无利于民。其历数厚葬久丧之流弊，如《墨子·节葬（下）》所言：

子墨子言曰："然则姑尝稽之，今虽毋法执厚葬久丧者言，以为事乎国家。此存乎王公大人有丧者，曰棺椁必重，葬埋必厚，衣衾必多，文绣必繁，丘陇必巨；存乎匹夫贱人死者，殆竭家室；存乎诸侯死者，虚车府，然后金玉珠玑比乎身，纶组节约，车马藏乎圹，又必多为屋幕、鼎鼓、几梴、壶滥、戈剑、羽旄、齿革，寝而埋之，满意。"若送从，曰："天子杀殉，众者数百，寡者数十。将军大夫杀殉，众者数十，寡者数人。"处丧之法将奈何哉？曰："哭泣不秩，声翁，缞绖，垂涕，处倚庐，寝苫枕块。"又相率强不食而为饥，薄衣而为寒，

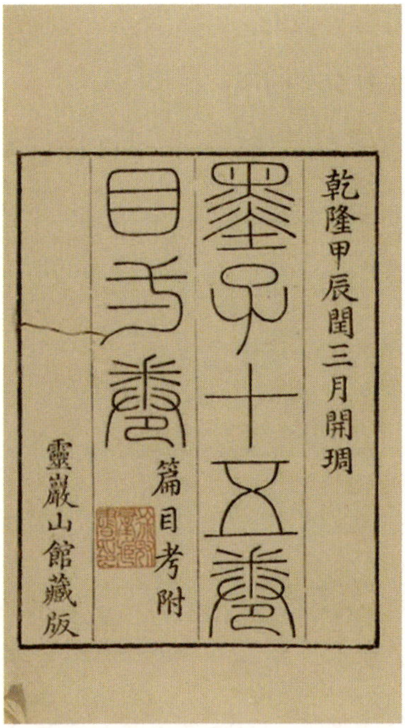

《墨子》清刻本书影

使面目陷陬，颜色黧黑耳目不聪明，手足不劲强，不可用也。又曰：“上士之操丧也，必扶而能起，杖而能行，以此共三年。”若法若言，行若道，使王公大人行此，则必不能蚤朝五官六府，辟草木，实仓廪。使农夫行此，则必不能蚤出夜入，耕稼树艺。使百工行此，则必不能修舟车、为器皿矣。使妇人行此，则必不能夙兴夜寐，纺绩织纴。细计厚葬，为多埋赋之财者也。计久丧，为久禁从事者也。财以成者，扶而埋之；后得生者，而久禁之，以此求富，此譬犹禁耕而求获也，富之说无可得焉。

根据墨子的论述，厚葬久丧有三大流弊：其一，用费无度，陪葬无数，更甚者是人殉，即杀活人以陪葬，如“天子杀殉，众者数百，寡者数十；将军大夫杀殉，众者数十，寡者数人”之法；其二，丧之礼法，无人性之弊，即为表悲痛之情，要强装悲哀之情，如其言，守丧必“薄衣而为寒，使面目陷陬，颜色黧黑耳目不聪明，手足不劲强，不可用也”，更有甚者，有点为了表示自己的丧亲之痛，要伪装成扶墙能起，拄杖才能行；其三，守丧陋习，还体现在使农夫荒废耕稼树艺，使百工不能修舟车、为器皿，使妇人不能纺绩织纴，若是百官朝士，则不能尽职本职工作。此流弊，后世仍然流传千年而不衰，史书记载不绝于目，概不赘述。故此，墨子说："厚葬久丧实不可以富贫众寡，定危理乱乎，此非仁非义，非孝子之事也，为人谋者不可不沮也。"[1]

①出自《墨子·节葬（下）》。

除反对厚葬久丧之陋习，墨子对儒家守丧三年之礼，也提出了反对。

据《墨子·节葬（下）》记载：

君死，丧之三年；父母死，丧之三年；妻与后子死者，五皆丧之三年；然后伯父叔父兄弟孽子其（同期，指一年）；族人五月；姑姊甥舅皆有月数……若法若言，行若道，苟其饥约又若此矣，是故百姓冬不仞寒，夏不仞暑，作疾病死者，不可胜计也。此其为败男女之交多矣。

如此守丧三年下来"百姓冬不仞寒，夏不仞暑，作疾病死者，不可胜计也"，又指出"此其为败男女之交多矣"，也就是说在守丧期间损害掉了男女交欢之事，对人口增长极其不利。

故此，墨子提出："死者既葬，生者毋久丧用哀。"

不过，他的言论瞬间激怒了儒家学派，并受到儒家学派的反击。

如《孟子·滕文公（上）》记载，孟子在反驳墨子的批评时说：

盖上世尝有不葬其亲者，其亲死则举而委之于壑。他日过之，狐狸食之，蝇蚋姑（同蛄）嘬之。其颡有泚，睨而不视，夫泚也，非为人泚，中心达于面目，盖归反虆梩而掩之。掩之诚是也，则孝子仁人之掩其亲，亦必有道矣。

孟子的反驳，与墨子的反驳不在一条线上，墨子的意思是节葬节用，而孟子却把墨子的节葬认为是“不葬其亲”。这当是儒墨两家之争的一段趣谈。

又如《荀子·礼论》记载：

刻死而附生谓之墨，刻生而附死谓之惑，杀生而送死谓之贼。大象其生以送其死，使死生终始莫不称宜而好善，是礼义之法式也，儒者是矣。

荀子把墨子提倡的简丧薄葬视为“刻死”，什么意思呢？在荀子看来，简丧薄葬就是从死者嘴里克扣口粮养活生者用度，并把这种行为直接简称为“墨”，即墨子的简丧薄葬主张。荀子的这一论断，恐怕也有违孔子所提倡的简丧薄葬主张了。

依据今天之眼光，考当时之时事，显然厚葬久丧存在很多问题，而墨子的节葬无疑是正确的。

除因丧葬引发的孝悌观念之争外。墨子对于孝悌的解构，与儒家孝悌观念，既有相同之处，又有不同之处。

据《墨子·兼爱（中）》记载：

子墨子言曰："仁人之所以为事者，必兴天下之利，除去天下之害，以此为事者也。"然则天下之利何也？天下之害何也？子墨子言曰："今若国之与国之相攻，家之与家之相篡，人之与人之相贼，君臣不惠忠，父子不慈孝，兄弟不和调，此则天下之害也。"

这与儒家提倡的父慈子孝、兄友弟恭是一个意思。即"君臣相爱，则惠忠；父子相爱，则慈孝；兄弟相爱，则和调"。反过来说，父慈子孝，则父子相爱。

不止如此，墨子论孝悌，已经从家庭血缘道德伦理层面走向更高层次的人与人之间的"兼爱"层面了。如果说儒家的伦理道德强调的是"亲疏尊卑"，即儒家的君臣、父子、兄弟、夫妇有别，那么，墨子反对的正是这种有别。

据《墨子·非儒（下）》记载：

儒者曰："亲亲有术，尊贤有等。"言亲疏尊卑之异也。其礼曰："丧父母三年，妻、后子三年，伯父叔父、弟兄、庶子其（同期），戚族人五月。”若以亲疏为岁月之数，则亲者多而疏者少矣，是妻、后子与父同也。若以尊卑为岁月数，则是尊其妻子与父母同，而亲伯父宗兄而卑子也，逆孰大焉。

儒家的“亲亲有术，尊贤有等”，为墨子所不屑。墨子强调的是众生平等，有点现代社会人人平等的意思。这与儒家所倡导的“爱有差等”，完全不同。在这种思想的基础上，墨子提出了著名的“兼爱”说，并在《墨子》中有《兼爱》三篇，阐述其理论主张。

据《墨子·兼爱（上）》记载：

若使天下兼相爱，爱人若爱其身，犹有不孝者乎？视父兄与君若其身，恶施不孝？犹有不慈者乎？视弟子与臣若其身，恶施不慈？故不孝不慈亡有。犹有盗贼乎？故视人之室若其室，谁窃？视人身若其身，谁贼？故盗贼亡有。犹有大夫之相乱家、诸侯之相攻国者乎？视人家若其家，谁乱？视人国若其国，谁攻？故大夫之相乱家、诸侯之相攻国者亡有。若使天下兼相爱，国与国不相攻，家与家不相乱，盗贼无有，君臣父子皆能孝慈，若此，则天下治。

一定程度上，墨子以“兼爱”论孝悌，是天下大同之爱，天下大同之孝，这种思想具有划时代的意义，影响深远，也是今日之约定俗成的公德雏形。

在《墨子·兼爱（中）》中，墨子又进一步阐述自己的“兼爱”说，他说：

视人之国若视其国，视人之家若视其家，视人之身若视其身。是故诸侯相爱则不野战，家主相爱则不相篡，人与人相爱则不相贼，君臣相爱则惠忠，父子相爱则慈孝，兄弟相爱则和调。天下之人皆相爱，强不执弱，众不劫寡，富不侮贫，贵不傲贱，诈不欺愚。凡天下祸篡怨恨可使毋起者，以相爱生也，是以仁者誉之。

当然，墨子有点过于理想化了，在周政权丧失威权，诸侯国以相互攻伐为能事的战乱年代，他所构想的蓝图太过高韬了。但是，即便如此，墨子并未停止他的思考与期望，

墨子引述《诗经·大雅·抑》言：“无言而不雠，无德而不报，投我以桃，报之以李。”并评说道：“即此言爱人者必见爱也，而恶人者必见恶也。”之后，墨子便勾画了他所期望的理想中的社会状态图景，据《墨子·兼爱（下）》记载：

故兼（爱）者，圣王之道也，王公大人之所以安也，

万民衣食之所以足也，故君子莫若审兼而务行之。为人君必惠，为人臣必忠；为人父必慈，为人子必孝，为人兄必友，为人弟必悌。故君子莫若欲为惠君、忠臣、慈父、孝子、友兄、悌弟，当若兼之，不可不行也，此圣王之道，而万民之大利也。

今有句话说得好：理想很丰满，现实很骨感。在墨子其后上千年的封建社会，还真未有这样的社会场景出现。

即使是墨子本人，也因“非儒”遭到儒家学派的强烈攻击。

到汉代董仲舒提出“罢黜百家，独尊儒术”之后，墨子和墨子理论也被扔入故纸堆里去了。即使像司马迁这样的史学大家，在写《史记》时，将孔子纳入世家，却只用了二十四个字就一笔带过这位曾经风光无限的墨学大家的一生，不可不为之一叹！

不过，今天看来，墨子的孝道学说，依然值得进一步研究。

孔安国与《古文孝经传》

孔安国，字子国，西汉经学家，孔子的十世孙。

孔安国可以说是“诗礼传家”以及求学于当世名家的典范。

先说“诗礼传家”。

孔安国一生著述颇丰，计有《古文尚书孔传（已佚）》《古文孝经孔传（已佚）》《论语训解（已佚）》等书。当年，司马迁研究《尧典》《禹贡》等古文献时，曾向孔安国请教。据《汉书·儒林传》记载：

安国为谏大夫，授都尉朝，而司马迁亦从安国问故。迁书载《尧典》《禹贡》《洪范》《微子》《金縢》诸篇，多古文说。

由是可见，其家学渊源深厚。

不仅如此，孔安国师承渊源也颇深。据《史记·儒林列传》记载：

申公者，鲁人也……归鲁，退居家教，终身不出门，复谢绝宾客……弟子自远方至受业者百余人。申公独以《诗》经为训以教，无传，疑者则阙不传。弟子为博士者十于人：孔安国至临淮太守，周霸至胶西内史，夏宽至城阳内史，砀鲁赐至东海太守，兰陵缪生至长沙内史，徐偃为胶西中尉，邹人阙门庆忌为胶东内史。其治官民皆有廉节，称其好学。学官弟子行虽不备，而至于大夫、郎中、掌故以百数。言《诗》虽殊，多本于申公。

申公者，即申培，西汉经学大师，所教授弟子众多，孔安国只是其一，由申公反观孔安国，其学识自不待言。

又《史记·儒林列传》记载：

《伏生授经图》，明代杜堇绘。伏生因布道儒家经典有功，从祀于孔庙。

伏生者，济南人也。故为秦博士……伏生教济南张生及欧阳生，欧阳生教千乘倪宽。倪宽既通《尚书》，以文学应郡举，诣博士受业，受业孔安国……自此之后，鲁周霸、孔安国，洛阳贾嘉，颇能言《尚书》事。孔氏有古文《尚书》，而安国以今文读之，因以起其家。

伏生者即伏胜，孔门弟子輎子贱后裔，伏生曾为秦国博士，以传授《尚书》闻名于世。孔安国也因师承伏生一派，而享誉当世，即司马迁所言："安国以今文读之，因以起其家。"

李学勤先生在《竹简〈家语〉与汉魏孔氏家学》一文中说道：

汉代儒学定于一尊之后，孔子后裔一家出过若干人物，有的受封袭爵，有的仕宦显贵，也有一些世守家学，成为一个学派，这很少为人所注意。学者中最早的一个是孔安国。此后有些人传习他的学术……

这段论述颇为中肯，孔安国既继承家学，又在经文注释方面颇有建树，其为《古文孝经》作传，又称《古

《孔安国画像》

文孝经孔传》，在一定时期内，其对《孝经》一书的流布做出了重要的贡献。

这里还需要解释一个名词：古文。和古文相对的是今文。所谓古文，即以先秦时期的文字书写的文本；所谓今文，是指（汉代）汉字隶定以后书写的文本，称今文。

西汉所传《孝经》者，有今文本和古文本。其流传脉络大抵如下：

今文本《孝经》出自河间献王[①]之手。

据马端临《文献通考·经籍志》记载：

陈氏（陈振孙）曰："世传秦火之后，河间人颜芝得《孝经》藏之，以献河间王。"

河间献王所藏《孝经》以汉代隶书书写，故称《今文孝经》，《今文孝经》有郑玄注本，又称《孝经郑注》。

古文本《孝经》出自孔安国之手。这里可以有个合理的推测：古文《孝经》当是孔氏家族，世代相传，至孔安国这一代还没有毁损。

《古文孝经》，因其书写文字为战国古文字，故得名；孔安国晚年为作传，故称《古文孝经孔传》。

此后，《孝经郑注》和《古文孝经孔传》两书真伪之争，注疏者之争，一直是考据学派的热门话题。遗憾的是，在五代之际，二书皆已亡失，不得一睹"庐山真面目"。

①河间王，即刘德，汉景帝刘启第二子。元光五年（公元前130年），逝于河间，谥号为献，故又称河间献王。河间献王是著名藏书家，有《诗》《左传》《周官》《礼记》等数十种古籍。其门客也不乏经学大家，如《诗经》大家毛苌（世称小毛公）、贯长卿（毛苌弟子，毛诗学派主要人物），贯长卿之下还有解延年、徐敖等人依次传布，使得毛诗流传甚盛。

不过，《孝经郑注》和《古文孝经孔传》两书因有他书有引用，保留了一部分内容，后人据此，辑有其遗失篇章。

当然，这些争论，已无关大雅。宋代黄震在其《黄氏日抄·卷一》中如是说道：“《孝经》一尔，古文、今文特所传微有不同……所异者又不过如此，非今文与古文各为一书也。”这才是我们今日对待《孝经》学术之争的最好处理方法。

姑且不论这些，至少通过孔安国为儒家经籍作传，即可看出他为儒家学派以及儒学传承，起到了极大的推动作用。

今传本《古文孝经传·序》中孔安国写道：

《孝经》者何也？孝者，人之高行，经，常也。自有天地人民以来，而孝道著矣。上有明王，则大化滂流，充塞六合。若其无也，则斯道灭息。当吾先君孔子之世，周失其柄，诸侯力争，道德既隐，礼谊又废。至乃臣弑其君，子弑其父，乱逆无纪，莫之能正。是以夫子每于闲居而叹述古之孝道也。夫子敷先王之教于鲁之洙泗，门徒三千，而达者七十有二也。贯首弟子颜回、闵子骞、冉伯牛、仲弓。性也，至孝之自然，皆不待论而寤者也。其馀则悱悱愤愤，若存若亡。唯曾参躬行匹夫之孝，而未达天子诸侯以下扬名显亲之事，因侍坐而谘问焉，故夫子告其谊。于是曾子喟然知孝之为大也，遂集而录之，名曰《孝经》，与《五经》并行于世。逮乎六国，学校衰废；及秦始皇焚书坑儒，《孝经》由是绝而不传也。

假定《古文孝经孔传·序》为真，则从孔序中可以看出，孔安国为《古文孝经》训传，有两重意思：

一是，要匡正《孝经》之义，之如其言“自有天地人民以来，而孝道著矣。上有明王，则大化滂流，充塞六合。若其无也，则斯道灭息”，所以要“夫乐以关山川之风，以曜德于广远，风德以广之，风物以听之，修诗以咏之，修礼以节之”，其目的是让《孝经》更为传播久远，进而移风易俗，达到社会清明、人民和睦。

二是，厘定《古文孝经》，保持古文原貌，以今文读之，不失其意，不改初衷，使其更易于传播与流布。

总之，孔安国为古经籍且不限于《孝经》一书作注，使得儒家学说，得以流布后世，功莫大焉！孔安国也因此被后世誉为“先儒”[①]。

①《明史·礼志四》记载：孔庙祭礼，称颜渊、曾参等十人以下和孔子其他弟子为先贤，自左丘明以下，称先儒。

孔安国之后，世家子弟也人才辈出，安国生子昂（孔昂），据《孔丛子·连丛子》记载：“（孔昂）特善《诗》《礼》而传之。”昂生子仲驩（孔仲驩），据孔继汾（孔子的第六十八世孙）所撰《阙里文献考》记载：“（仲驩）精《春秋》三传，著《公羊》《穀梁》训诂。”仲驩生子立（孔立），子立生子元（孔元）……观孔安国后代者，世为才俊，并以《诗》《书》传家。

孔子后世，考孔安国一脉已经人才辈出，这大抵也与孔子一贯主张的教育理念有关，孔子说“不学《诗》，无以言”“不学礼，无以立”，当是如此。

志祖业或家学（“诗礼传家”），当也可以看作是“孝悌”之道的表现形式之一。从孔安国及其后世来看，他已成为“诗礼传家”的典范。

第四　登上殿堂

本篇讲述了汉代董仲舒重构儒家学说，被后世誉为董氏新儒学。定儒学为一尊之后，儒家孝道学说成为后世统治阶级政治思想的核心学说，不论朝代如何更替，“以孝治天下”始终如一。

董仲舒和他的时代

董仲舒是个很复杂的人物。

据《汉书·董仲舒传》记载：

董仲舒，广川人也。少治《春秋》，孝景[1]时为博士。下帷讲诵，弟子传以久次相授业，或莫见其面。盖三年不窥园，其精如此。进退容止，非礼不行，学士皆师尊之。

①孝景，即汉景帝刘启，谥号孝景。西汉第六位皇帝。

董仲舒早年精心研学，不视园圃，一切行为和行事都按照儒家礼仪进行，即“进退容止，非礼不行”，受到弟子的尊敬。

汉武帝[2]即位以后，董仲舒的人生轨迹发生转变。

②汉武帝，名刘彻。其当政时期，政治上采用主父偃的推恩令；思想上采用董仲舒的“推明孔氏，抑黜百家”。后世把汉武帝的施政策略称为内法外儒，即以法治臣，以儒教化天下。

据《汉书·董仲舒传》记载：

武帝即位，举贤良文学之士前后百数，而仲舒以贤良对策焉。

董仲舒在举贤良对策中，提出著名的《天人三策》学说，该学说以《春秋》（儒学经典之一，指代儒学）

为基础，博引庞杂，吸取周代以降的宗教天道、阴阳五行以及法、道、阴阳诸家学说，糅合成新的思想学说，并提出“天人感应”“大一统”等概念。

《董仲舒画像》

至此，董仲舒式的杂糅新儒学体系，成为历代统治者的政治理论基础。

这一年是汉武帝元光元年，公元前134年。

董仲舒向汉武帝提议：“推明孔氏，抑黜百家。”汉武帝欣然接受了董仲舒的提议。

为什么要接受董仲舒的提议，这还要从汉武帝说起。

对于汉武帝而言，他本身既推崇儒家，又意欲以孝悌治国。其实，早在建元元年（公元前140年）汉武帝就有关于以孝悌治国的诏令颁布。据《汉书·武帝纪》记载：

诏曰：“古之立孝，乡里以齿，朝廷以爵，扶世导民，莫善于德。然即于乡里先耆艾，奉高年，古之道也。今天下孝子、顺孙愿自竭尽以承其亲，外迫公事，内乏资财，是以孝心阙焉，朕甚哀之。民年九十以上，已有受鬻法，为复子若孙，令得身帅妻妾遂其供养之事。”

汉初，民间孝悌匮乏，汉武帝想以行政措施鼓励民间孝行，可是一直不得要领，汉武帝在复册董仲舒的对策时，即表明了他内心的真实想法：

乌乎！朕夙寤晨兴，惟前帝王之宪，永思所以奉至尊，章洪业，皆在力本任贤。今朕亲耕籍田以为农先，劝孝弟，崇有德，使者冠盖相望，问勤劳，恤孤独，尽思极神，功烈休德未始云获也。今阴阳错缪，氛气充塞，群生寡遂，黎民未济，廉耻贸乱，贤不肖浑淆，未得其真，故详延特起之士，庶几乎！今子大夫待诏百有余人，或道世务而未济，稽诸上古之不同，考之于今而难行，毋乃牵于文系而不得骋与？将所繇异术，所闻殊方与？各悉对，著于篇，毋讳有司。明其指略，切磋究之。以称朕意。①

①出自《汉书·董仲舒传》。

汉武帝“亲耕籍田以为农先，劝孝弟，崇有德，使者冠盖相望，问勤劳，恤孤独”，实乃汉武帝想以“怀柔政策”安天下民心。然而问题是，当时的社会现实是“阴阳错缪，氛气充塞，群生寡遂，黎民未济，廉耻贸乱，贤不肖浑淆”，对于这些问题，董仲舒指出其根源：

一则，王道未明，即汉王朝没有明确的思想道路，董仲舒据此提出：“说德归谊，此太平之致也。”即把儒学的仁德作为王道，则问题迎刃而解，这是问题的关键，也是“推明孔氏，抑黜百家”的前提条件。

二则，士素不厉，即没有好的人才，其弊病就是欲求贤而不得。怎么办？董仲舒认为要“养士”。所谓“养士”就是设立专门的教育机构，培养人才。

据《汉书·董仲舒传》记载，董仲舒提议：

故养士之大者，莫大乎太学；太学者，贤士之所关也，教化之本原也。今以一郡一国之众，对亡应书者，是王道往往而绝也。臣愿陛下兴太学，置明师，以养天下之士，数考问以尽其材，则英俊宜可得矣。

按照董仲舒的想法：“立太学以教于国，设庠序①以化于邑，渐民以仁，摩民以谊，节民以礼，故其刑罚甚轻而禁不犯者，教化行而习俗美也。”即上设国家公办学府太学，地方设立庠序（地方学校），以行教化之道。

①太学、庠序指国家公办学校。董仲舒建议设立政府公办学校的原因是，汉初，重黄老之术，轻儒家，故国家没有公办学府，只有私学。

三则，官员选拔机制不明，特别是各地（县级）行政长官长吏的选拔弊端重重，董仲舒指出：“夫长吏多出于郎中、中郎，吏二千石子弟选郎吏，又以富訾，未必贤也。”意思是，高层官员可以推举子弟为官，而选拔县官的人选时，不是看其才，而是看其有多少资财数购买官位。如此一来便不能选拔出有贤德的人才了。

于是董仲舒向汉武帝提出了自己的选拔官吏（或人才）的方式和任用的两条措施：

第一条，诸列侯、郡守、二千石各择其吏民之贤者，岁贡各二人。

第二条，量材（才）而授官，录德而定位。

这两条归纳起来，便是今日我们所熟知的“举孝廉”。所谓“孝廉”就是“孝顺亲长、廉能正直”的意思。

由此观之，汉武帝之所以接受董仲舒“推明孔氏，抑黜百家”的建议，从政治伦理角度而言可行，从实际操作层面也可行。

诚如班固对董仲舒的评价：“自武帝初立，魏其武安侯为相而隆儒矣。及仲舒对册，推明孔氏，抑黜百家。立学校之官，州郡举茂才孝廉，皆自仲舒发之。”

如果看董仲舒的新儒学，表面是“以德治国”，以“孝悌”教化天下，实质上，他亦重刑罚。据《汉书·董仲舒传》记载：

> 天令之谓命，命非圣人不行；质朴之谓性，性非教化不成；人欲之谓情，情非度制不节。是故王者上谨于承天意，以顺命也；下务明教化民，以成性也；正法度之宜，别上下之序，以防欲也；修此三者，而大本举矣。

《董仲舒石刻像》

由是可以看出，孝悌伦理观念，在汉代已经泛政治化了，孝悌的目的是包装德政和仁政。

即使董仲舒本身也很奇怪，班固一方面评说他：“仲舒为人廉直。”另一方面又不掩其行，据《汉书·董仲舒传》记载：

仲舒治国，以《春秋》灾异之变推阴阳所以错行，故求雨，闭诸阳，纵诸阴，其止雨反是；行之一国，未尝不得所欲。中废为中大夫。先是辽东高庙、长陵高园殿灾，仲舒居家推说其意，草稿未上，主父偃候仲舒，私见，嫉之，窃其书而奏焉。上召视诸儒，仲舒弟子吕步舒不知其师书，以为大愚。于是下仲舒吏，当死，诏赦之，仲舒遂不敢复言灾异。

董仲舒以灾异神学推演自然事件，他也因此获罪下狱，后遇赦。通过这次事件，我们可以看出，董仲舒的思想渊源比较驳杂，阴阳五行、灾异神学盖为其收。

至于他阐述思想学说也概莫能外。

董仲舒曾与汉武帝异母兄、河间献王刘德有过一次交集，河间献王本身喜好儒学，又喜欢藏书，他曾献书今文《孝经》。正是因为这次献书，或也是他本身就对《孝经》有见解，因此，他与董仲舒之间还讨论了《孝经》。

据董仲舒《春秋繁露·五行对》记载：

河间献王问温城董君（即董仲舒）曰："《孝经》曰：'夫孝，天之经，地之义。'何谓也？"

（董仲舒）对曰："天有五行，木火土金水是也。

木生火，火生土，土生金，金生水。水为冬，金为秋，土为季夏，木为春。春主生，夏主长，季夏主养，秋主收，冬主藏。藏，冬之所成也。是故父之所生，其子长之；父之所长，其子养之；父之所养，其子成之。诸父所为，其子皆奉承而续行之，不敢不致如父之意，尽为人之道也。故五行者，五行也。由此观之，父授之，子受之，乃天之道也。故曰：夫孝者，天之经也。此之谓也。”

王曰：“善哉。天经既得闻之矣，愿闻地之义。”

对曰：“地出云为雨，起气为风。风雨者，地之所为。地不敢有其功名，必上之于天。命若从天气者，故曰天风天雨也，莫曰地风地雨也。勤劳在地，名一归于天，非至有义，其孰能行此？故下事上，如地事天也，可谓大忠矣。土者，火之子也。五行莫贵于土。土之于四时无所命者，不与火分功名。木名春，火名夏，金名秋，水名冬。忠臣之义，孝子之行，取之土。土者，五行最贵者也，其义不可以加矣。五声莫贵于宫，五味莫美于甘，五色莫盛于黄，此谓孝者地之义也。”

王曰：“善哉！”

董仲舒用阴阳五行之术解释《孝经》，其大意是，父生子长，是天然法则，故谓“孝者天之经”。地出云变雨，地起气变风，被劳累的是地，但功名完全归于天，如果不是有“义”，谁能这样；土是火之子，五行中最尊贵的是土，土不与火争功名。忠臣表现出的大义，孝子表现出的孝行，取义于“土”，此谓“孝者地之义”。

在董仲舒的理论中，他把忠孝都视为“地之义”，即孝、忠都属于“土德”，二者已经被捆绑在一起了。据《春秋繁露·五行之义》记载：

五行者，乃孝子忠臣之行也。五行之为言也，犹五行欤？是故以得辞也。圣人知之，故多其爱而少严，厚养生而谨送终，就天之制也。以子而迎成养，如火之乐木也；丧父，如水之克金也；事君，若土之敬天也；可谓有行人矣……是故圣人之行，莫贵于忠，土德之谓也。

因此，想要培养忠，必先以孝悌教化，这是董仲舒的孝悌理论所在，他在《春秋繁露·为人者天》中明确指出：“虽天子必有尊也，教以孝也；必有先也，教以弟也。”即是指从帝王本身作垂范，进则“以孝治天下”。

总之，董仲舒论儒已非真儒学了，董仲舒本人也遭遇很多非议。

黄仁宇在《中国大历史》中这样评说汉代的儒学：“其宗旨经过综合，则为‘罢黜百家，独尊儒术’。实际上他（汉武帝）和他的近臣将所谓‘儒术’扩展之后又延长……如此将宇宙观及政治学混为一谈。笼统地称之为儒教，固然符合了某种目的，但其流弊则是一经摆布，今后两千年则再难以摇撼之。诚然，它所遗下之影响时至今日犹未衰竭。”

而“举孝廉”在施行以后的数十年间，也出现了种种问题，买卖孝廉的事件时有发生，道德的质量已经大幅下降，东汉年间曾流行的童谣唱道：

举秀才，不知书。举孝廉，父别居。
寒素清白浊如泥，高第良将怯如鸡。

问题出在哪里？是孝悌本身的问题吗？当然不是。

如果说，周公旦以宗教色彩（孝祀）推行孝道，孔子以人性为本论述孝道，那么董仲舒的孝道则与政治挂钩，而导致孝的伦理价值和作用随着时间的推移日渐下降，孝的社会伦理功能降低，反之，孝的功利目的上升。但是，值得指出的是，董仲舒之后，新儒学以及孝悌与政治相结合的现实一直存在着。

整体来看，董仲舒是个很复杂的人物，他自身也不乏争议，他活着的时候，还曾遭到汉武帝的罢黜，乃至下狱，但是，也因新儒学受到了不少人的推崇，他还被尊称为“新儒宗”。

同时，他的新儒学，使得孝道文化开始登上殿堂，成为封建统治者治国安邦的手段之一。

刘向的贡献

刘向，字子政，原名更生，楚国彭城人，汉朝皇室后裔，刘邦异母弟刘交的后代，曾历仕三朝（汉宣帝、汉元帝、汉成帝）。

考刘向学术之主张与贡献，先考刘向生活时代之特征。

据《汉书·艺文志》记载：

《春秋》分为五，《诗》分为四，《易》有数家之传。战国纵横，真伪纷争，诸子之言纷然淆乱。至秦患之，乃藩灭文章，以愚黔首。汉兴，改秦之败，大收篇籍，广开献书之路。迄孝武世，书缺简脱，礼坏乐崩，圣上喟然而叹曰："朕甚悯焉！"于是建藏书之策，置写书之官，下及诸子传说，皆充秘府。至成帝时，以书颇散亡，使谒者陈农求遗书于天下。

这段历史记载，表明当时世之流传图书文献的情形：

其一，诸子百家之言在战国乱世，真伪纷争不休。

其二，秦朝之患导致书籍散佚，即使官方藏书，亦百不得其一。

其三，即便流传下的书籍，也是“书缺简脱”。

上述因素，致使官方重新制定藏书之策，诏谒者求散落民间之遗书。

据《汉书·艺文志》记载：“诏光禄大夫刘向校经传诸子诗赋，步兵校尉任宏校兵书，太史令尹咸校数术，侍医李柱国校方技。”

此间，刘向撰《别录》，所谓“别录”即分类目录书，该书著录图书六百零三家，计一万三千二百一十九卷，分为六大部类、三十八种。

在汉代“罢黜百家，独尊儒术”的政治氛围里，能够整理校勘诸子百家，可以说是对学术思想多样性的一种推动和保护。

《刘向画像》

刘向先后整理的诸子百家典籍有：《管子》《晏子》《韩非子》《列子》《邓析》《关尹子》《子华子》《战国策》《山海经》等；此外，还撰有《新序》《说苑》《洪范五行传》《列女传》《五经通义》等书。

其中，对于承载孝悌文化的典籍《孝经》的整理，刘向亦功不可没。

刘向把河间献王刘德所藏今文本《孝经》与孔安国所传《古文孝经》相互比对，删繁就简，厘定谬误，章句定为“十八章”，终成今文《孝经》，也就是今天流传的“十八章”的今文《孝经》的最初版本。

该版本《孝经》被唐玄宗御注后成为定本，得以流传刊布至今。刘向的贡献就在于此。

除整理校勘《孝经》之外，刘向还著有《孝子传》。由于刘向所开辟的《孝子传》文本体例，之后，出现以“孝子传”为体例的书籍，如《萧广济孝子传》《王歆孝子传》《王韶之孝子传》《周景式孝子传》《师觉授孝子传》《宋躬孝子传》《虞盘佑孝子传》《郑缉之孝子传》《徐广孝德传》《梁元帝萧绎孝德传》……此外，还有许多散失作者名字的孝子传。

从这些《孝子传》的编写体例来看，多以上古圣贤的大德大孝、民间的奇孝故事为蓝本，述说孝道故事。

不以文本论述，《孝子传》的传播理念，足以影响孝道在社会上的传播，也即“孝子”的事迹，通过书籍载体的传播，向受众传达一种有效的孝道伦理观念，而受众通过不同孝子的不同事迹，而会引发自身的思考，从而导致一种自我实现价值的向孝向德的人身修养，即文而化之（吸收）。

这也是孝道文化传承的又一种模式，《孝子传》本身有别于纯粹的学术范畴的孝悌理论，这对孝道文化的传承以及民间的孝悌教化普及，起到了重要的推动作用。

诚如唐代欧阳询领衔编撰《艺文类聚·初学记》时，给这些《孝子传》《孝德传》起到的正面意义的评价所言：

> 生之育之，长之畜之，顾我复我，答施何时。欲报之德，不可方思。涓尘之孝，河海之慈。废书叹息，泣下涟也。

《孝子传》的述说体例，正是刘向的开创性意义所在。

需要指出的是，后世所传以《孝子传》为体例的诸多孝道故事，也泥沙俱下、鱼龙混杂，充斥着一些离奇古怪、荒诞不经、有违人性的孝道说教故事，这应予以辨别对待，即文不法古也应是我们研究古代孝道文化的准则之一。

遍注儒家经典的郑玄

汉代出注释大家，更出经学注释大家。其中郑玄便是其中扛鼎者。据《后汉书·张曹郑列传》记载：

郑玄字康成，北海高密人也。少为乡啬夫，得休归，常诣学官，不乐为吏，父数怒之，不能禁。遂造太学受业，师事京兆第五元先，又从东郡张恭祖受《周官》《礼记》《左氏春秋》《韩诗》《古文尚书》。以山东无足问者，乃西入关，因涿郡卢植，事扶风马融。玄自游学，十余年乃归乡里。

由此可见，郑玄遍学古籍，学识渊博，又有十余年的游学经历，这样有知识、有阅历的人做学问，自然事半功倍。

《郑玄画像》

郑玄是经学大家马融的学生，当郑玄学成离开马融时，马融说："郑生今去，吾道东矣。"意思是，郑玄离开老师回归故里，马融感叹说："我的学术将随郑玄一道向东传播。"可见郑玄用功之深，在未有学术建树时，就已经受到老师的肯定。当然，郑玄也没有辜负老师的愿望，他遍注儒家经典，据《后汉书·张曹郑列传》所记载："凡玄（郑玄）所注《周易》《尚书》《毛诗》《仪礼》《礼记》《论语》《孝经》《尚书大传》《中候》《乾象历》，又著《天文七政论》《鲁礼禘祫义》《六艺论》《毛诗谱》《驳许慎五经异义》《答临孝存周礼难》，凡百余万言。"《后汉书》所列郑玄注疏之书，远远不止上述这些，据清代大儒郑珍考证，郑玄的著述共约有六十种之多。

他的学术成就在当时就已经"经传洽孰，称为纯儒，齐鲁间宗之"。通俗地讲，经学注释，能让后代读者了解经文中的思想，这不但是一项学术工作，且对于传统文化的传播具有极大的推动作用。

故此，范晔如此评价郑玄说："自秦焚《六经》，圣文埃灭。汉兴，诸儒颇修艺文；及东京，学者亦各名家。而守文之徒，滞固所禀，异端纷纭，互相诡激，遂令经有数家，家有数说，章句多者或乃百余万言，学徒劳而少功，后生疑而莫正。郑玄括囊大典，网罗众家，删裁繁诬，刊改漏失，自是学者略知所归。"

其中《孝经郑注》，成为西汉以后《孝经》传播的重要版本之一。然而《孝经郑注》的真伪长期以来一直是学术界争论的话题，由于缺乏刊刻实证，《孝经郑注》遂成一段学术公案。

但考前代之事，当有郑注《孝经》之事无疑，范晔作《后汉书》列有《孝经》。估计郑玄注《孝经》与老师马融注《孝经》都已散佚不传，以致后世学术界争论不休。

上述，姑且不论。且从修身与治学上来看郑玄的孝悌之道。据《后汉书·张曹郑列传》记载，他在《戒子益恩书》中写道：

吾家旧贫，不为父母群弟所容，去厮役之吏，游学周、秦之都，往来幽、并、兖、豫之域；获觐乎在位通人，处逸大儒；得意者咸从捧手，有所授焉。遂博稽六艺，粗览传记，时睹秘书纬术之奥。年过四十，乃归供养，假田播殖，以娱朝夕。

遇阉尹擅势，坐党禁锢，十有四年，而蒙赦令。举贤良方正、有道，辟大将军三司府，公车再召。比牒并名，早为宰相。惟彼数公懿德大雅，克堪王臣，故宜式序。吾自忖度，无任于此；但念述先圣之玄意，思整百家之不齐，亦庶几以竭吾才；故闻命罔从。而黄巾为害，萍浮南北，复归邦乡。入此岁来，已七十矣。

宿素衰落，仍有失误。案之礼典，便合传家。今我告尔以老，归尔以事；将闲居以安性，覃思以终业。自非拜

《郑玄诫子图》，清代华嵒绘。

国君之命，问族亲之忧，展敬坟墓，观省野物，胡尝扶杖出门乎？家事大小，汝一承之。

咨！尔茕茕一夫，曾无同生相依。其勖求君子之道，研钻勿替；敬慎威仪，以近有德。显誉成于僚友，德行立于已志。若致声称，亦有荣于所生。可不深念邪？可不深念邪？

吾虽无绂冕之绪，颇有让爵之高；自菜以论赞之功，庶不遗后人之羞。末所愤愤者，徒以亡亲坟垄未成；所好群书，率皆腐敝，不得于礼堂写定，传与其人。日西方暮，其可图乎？

家今差多于昔，勤力务时，无恤饥寒。菲饮食，薄衣服，节夫二者，尚令吾寡恨。若忽忘不识，亦已焉哉！

虽然郑玄表面是“戒子书”，实质上这篇《戒子益恩书》也是他对自己人生的总结和评价，不乏他所追求的有道、有德、有孝、有敬的自我修身。

其中，郑玄虽“不为父母群弟所容”，但依然“乃归供养，假田播殖，以娱朝夕”，意思是归家孝养父母，租田耕植，以使得父母晚年无忧，颐养天年。郑玄所奉行的孝养之道不也正是儒家所提倡的吗？

从治学方面而言，郑玄在对自己在注释经学的评价时，这样说道：“述先圣之玄意，思整百家之不齐。”意思是，阐述圣人学说，使之更能很好地得到发展，这是他的志业。同时，郑玄还是一位布道者，知识传播者。《剑桥中国秦汉史》曾这样描写道：“我们可以看出一种开始脱离帝国太学的趋势，这在后来出现于东汉的独立的经学研究的私家学校中反映了出来，这些学校以马融和郑玄办的最为著名……”

据《后汉书》记载，郑玄的弟子遍布天下，而他的这些弟子也治学严谨、一丝不苟，诸如河内赵商、清河崔琰、清河王经、乐安国渊、乐安任嘏、北海张逸、鲁国刘琰、汝南程秉、北海孙乾、山阳郗虑、南阳许慈，等等。可以说，郑玄在布道中，对儒家学说的传播，起到了极大的推动作用。从郑玄所取得的成就看，他是继董仲舒之后，对儒学发展，贡献最大的经学家。也可以称得上是一代儒学宗师。故明末清初“三大儒”之一的顾炎武如此高度评价郑玄说：“大哉郑康成，探赜靡不举。六艺既该通，百家亦兼取。至今三礼存，其学非小补。”

总之，《孝经郑注》无论真伪与否，它所引发的学术争议，又间接地助推世人关注《孝经》。由于《孝经郑注》和《古文孝经孔传》两大流传版本都遭遇真伪争议，至玄宗朝，为了解决这些无谓的纷争，唐玄宗亲注《孝经》（即《石台孝经》），至此，唐玄宗《石台孝经》成为后代孝道文化传播的经典定本。从另一方面而言，《孝经郑注》的真伪之争，也成为唐玄宗为《孝经》作注的起因之一。

唐玄宗为《孝经》作注

唐玄宗，即李隆基，唐睿宗李旦第三子。唐玄宗前半生还是可圈可点的，但后期，唐玄宗就疏于理政，重用李林甫、杨国忠等人，导致了长达八年之久的安史之乱。

据《旧唐书·本纪宪宗（下）》记载，唐宪宗时期的宰相崔群这样评价他：

> 玄宗少历民间，身经迍难，故即位之初，知人疾苦，躬勤庶政。加之姚崇、宋璟、苏颋、卢怀慎等守正之辅，孜孜献纳，故致治平。及后承平日久，安于逸乐，渐远端士，而近小人。

诚如其言，在开元时期，唐玄宗非常注重文化建设，特别是对图书的辑录、校补、注释等方面，做出了重大的贡献。

开元三年（公元715年），由于内府藏书多为宫人管理，导致藏书残缺不齐、篇卷错乱、难于检阅等问题，唐玄宗令褚无量、马怀素等人加以整理。

开元七年（公元719年），又令马怀素、元行冲、吴兢、韦述等编纂《群书四部录》。同年，设置弘文、崇文两馆雠校书郎官员，专职整理典籍、校书的工作。

这一年，唐玄宗也开启了一项最重要的工作，即亲自训注《孝经》。起因于《孝经郑注》和《古文孝经孔传》真伪之争不断，比如他的大臣刘知几向唐玄宗上书，条陈十二条说《孝经郑注》非郑玄所注。

在这种情况下，唐玄宗意欲以御注《孝经》平息争议，诚如他在《孝经·序》中所言：

韦昭、王肃，先儒之领袖。虞翻、刘邵，抑又次焉。刘炫明安国之本，陆澄讥康成之注。在理或当，何必求人？今故特举六家之异同，会五经之旨趣；约文敷畅，义则昭然；分注错经，理亦条贯。写之琬琰，庶有补于将来。

然而，不止这些，观有唐之际，以孝治国，一直是主要施政策略，特别是到唐玄宗时代，他本人历经了武周政权、外戚（后宫）干政、手足相残的诸多政治风波，因故，提倡孝道，成为唐玄宗的重要政治理论。他的父亲唐睿宗在册立他为储君的时候，还在诏书中表扬他说：“皇太子基仁孝因心，温恭成德，深达礼体，能辨皇猷。”

宋代司马光所撰《资治通鉴·唐纪玄宗》记载：“上素友爱，近世帝王莫能及。初即位，为长枕大被，与弟兄同寝。”

据此推断，唐玄宗想通过儒家的孝悌之道，消弭皇家内部的裂痕。同时，他把孝悌之道又从皇室内部推向治国。他在《孝经·序》中说道：

朕闻上古其风朴略，虽因心之孝已萌，而资敬之礼犹简，及乎仁义既有，亲誉益著。圣人知孝之可以教人也，故因严以教敬，因亲以教爱。于是以顺移，忠之道昭矣，立身扬名之义彰矣。子曰“吾志在《春秋》，行在《孝经》。”是知孝者，德之本欤？

《经》曰：“昔者明王之以孝理天下也，不敢遗小国之臣，而况于公、侯、伯、子、男乎？”朕尝三复斯言，景行先哲，虽无德教加于百姓，庶几广爱刑于四海。嗟乎，夫子没而微言绝，异端起而大义乖。况泯绝于秦，得之者皆煨烬之末；滥觞于汉，传之者皆糟粕之余。故鲁史《春秋》，学开五传；《国风》《雅》《颂》，分为四诗。去圣逾远，源流益别。

从上述唐玄宗的自序来看，“以孝理天下”也是唐玄宗推崇《孝经》，为《孝经》作注的又一因素。

唐玄宗注解《孝经》的工作始于开元七年，到开元十年六月，历时四年，得以完成，刊布天下。

至此，唐玄宗注《孝经》行于天下，而《古文孝经孔传》《孝经郑注》两书遂不传。

值得一提的是，唐玄宗又为《孝经》增订过一次注释。后来，唐玄宗亲自用隶书书写《孝经》，并刻石碑立于学官（学校官舍），故该碑又称《石台孝经》，《石台孝经》今藏于西安碑林博物馆。《石台孝经》立于官学的目的非常明显，即唐玄宗向天下人传达他“以孝治国”的决心。《孝经》也因唐玄宗的推崇，在其时被纳入儒家“十二经典”之一。据《旧唐书·经籍志》记载：

甲部为经，其类十二：一曰《易》，以纪阴阳变化。二曰《书》，以纪帝王遗范。三曰《诗》，以纪兴衰诵叹。四曰《礼》，以纪文物体制。五曰《乐》，以纪声容律度。六曰《春秋》，以纪行事褒贬。七曰《孝经》，以纪天经地义。八曰《论语》，以纪先圣微言。九曰图纬，以纪六经谶候。十曰经解，以纪六经谶候。十一曰诂训，

《贵妃上马图》，元代钱选绘。图右骑白马者为唐玄宗。

以纪六经谶候。十二曰小学，以纪字体声韵。

无疑，这使得《孝经》的地位骤然上升，这在唐玄宗朝以前是没有的情况。即使在“独尊儒术”的汉代，《孝经》虽然有一定程度上的影响，但是，还没有被归入儒家经典之中，当时只设“五经”（《诗》《书》《易》《礼》《春秋》）；到唐代，在“五经”的基础上，先加《周礼》《仪礼》《公羊》《穀梁》，后加《孝经》《论语》《尔雅》为十二经；宋代复增《孟子》，故才有今“十三经”之说。由是可见，唐玄宗对《孝经》的推布，堪称居功至伟。

总之，唐玄宗已然成为《孝经》的代言人，唐玄宗也借《孝经》传达了他对孝义的理解与认识。而《孝经》由于唐玄宗的代言，传播愈加广泛，也成为后世科举士子的必读书目之一。

郑氏与《女孝经》

《女孝经》，题为唐朝散郎[1]侯莫陈邈之妻郑氏撰。侯莫陈邈，名邈，侯莫陈是三字复姓，他是玄宗朝的朝散郎，据学者考证，他的妻子郑氏学识渊博，幼习《孝经》《周易》《白虎通》《礼记》《论语》《列女传》等典籍。

①朝散郎，文散官名。隋文帝置，炀帝时罢，唐复置。

《女孝经》一书首次被提及见于北宋《宣和画谱》，后官方正史始见于《宋史·艺文志》。但该书不见于新、旧《唐书》，这之中还有一段史实需要理清。

从《女孝经》的编写体例来看，共十八章，前有进书表一篇，凡两千七百余字，与当时唐玄宗《石台孝经》体例一致。

这大概也是一种呼应唐玄宗御注《孝经》的政治献礼之作，据《进女孝经表》所言：

妾侄女特蒙天恩，策为永王妃，以少长闺闱，未娴诗礼，至于经诰，触事面墙，夙夜忧惶，战惧交集，今戒以为妇之道，申以执巾之礼，并述经史正义，无复载于浮词，总一十八章，各为篇目，名曰《女孝经》。上自皇后，下及庶人，不行孝而成名者，未之闻也。妾不敢自专，因以曹大家为主，虽不足藏诸岩石，亦可以稍补闺庭。辄不揆量，敢兹闻达。轻触屏，伏待罪戾。妾郑氏诚惶诚恐，死罪死罪，谨言。

“妾侄女特蒙天恩，策为永王妃”，实则是指永王妃是侯莫陈邈的侄女。据此推断，《女孝经》当是迎合之作无疑。况且唐玄宗本身重视孝悌教化，不但亲自注释《孝经》，还令参加科举的士子必读《孝经》，在这样的大背景下而有臣子之妻献《女孝经》，自然符合“圣意”。

按照常理而言，在有唐一代崇尚孝道的社会大背景下，还有官方主导，《女孝经》应该有机会走入寻常百姓家。可惜的是，问题也就出现在迎合“圣意”上，而导火索，就是“妾侄女特蒙天恩，策为永王妃”，这句话不但可以表功、迎合，也可以是某种特定历史下的实证。

既然与永王妃有干系，就要考永王是谁？

据《旧唐书》记载：“永王璘，玄宗第十六子也。”不幸的是，这个永王璘曾导致了一个大事件，即永王李璘起兵谋反，但不幸的是，永王璘兵败，至大庾岭，为洪州刺史皇甫侁所杀。永王李璘事件平息之后，永王李璘眷属与党羽亲朋的下场可想而知。

由是，进《女孝经》的侯莫陈邈家以及妻子也受到牵连。在唐代官方史料中不着《女孝经》一字，被官方

《女孝经图卷》，宋代佚名绘。

正史雪藏的《女孝经》自然没有传播的可能。

到宋代之际，由于唐代的政治影响力逐渐削弱，《女孝经》才开始走入公众视野。宋《宣和画谱》记述当时已有《女孝经图》流传民间，可证该书已逐渐脱离政治阴霾。

到明代的时候，从宫廷到民间传习《女孝经》的便逐渐多了起来。

据明代秦元方撰《熹庙拾遗杂咏》记载：“选高年有学内官教宫女《女训》《女孝经》等。”可证《女孝经》已经在上层的皇室内部流行开来。

万历进士郭正域在《宫女传书图 》诗中描写了当时宫女习《女孝经》的情形，诗言：“树下宫娥倚画屏，曰：侍儿抱牍绕阶行。大家指点 。”大家指点即是用《女孝经》中的用词，借指《女孝经》。

继而，《女孝经》又从宫廷走向民间。

如韩雍《襄毅文集·故徐行中妻庄氏孺人墓志铭》记载："庄氏孺人……母周氏，有淑行，孺人生而聪慧柔顺，德充于容，行践于言，女红无不精，师氏授以《女孝经》《女箴》《女诫》诸书，辄能成诵，通大义。"又韩雍《襄毅文集·故左母孺人曾氏墓志铭》记载："幼而柔淑，不事华饰，不苟言笑，恂恂闺门，未尝及门外事。父授之《女孝经》《列女传》诸书，辄成诵，通大义。"

如金幼孜《金文靖集·李孺人周氏墓志铭》亦记载："（李镇母周氏）孺人讳妙贞生有淑质，明敏恭慎，自幼受教读《女孝经》《论语》诸书，辄记诵不忘，且了其大义。"

再如李东阳《怀麓堂集·亡女衍圣公宗妇墓志铭》记载："吾女性朗慧，其母口授《女孝经》及名物之书，意领颔答，皆略能默记。"

上述史料可证，《女孝经》已经在民间传播开来，至少在书香之家或中等阶层已经普及开来。

《女孝经》的出现及普及，其积极一面的意义，在于以男权为中心的帝权世袭制社会，女性以经籍的表述方式，表达了女性对儒家孝道文化的认识与见解。

然则，从《女孝经》的思想角度论，多以女子"三从四德"的角度去阐述，仍以男权为轴心，缺乏女性的觉醒意识。

如《女孝经·举恶章》言：

诸女曰："妇道之善，敬闻命矣！小子不敏，愿终身以行之。敢问古者亦有不令之妇乎？"大家曰："夏之兴也以涂山，其灭也以妹喜；殷之兴也以有莘氏，其灭也以妲己；周之兴也以太任，其灭也以褒姒。此三代之王，皆以妇人失天下，身死国亡，而况于诸侯乎！况于卿大夫乎！况于庶人乎！故申生之亡，祸由骊女，愍怀之废，衅起南风。由是观之，妇人起家者有之，祸于家者亦有之。至于陈御叔之妻夏氏，杀三夫，戮一子，弑一君，走两卿，丧一国，盖恶之极也。夫以一女子之身，破六家之产，吁可畏哉！若行善道，则不及于此矣！"

故，今日解读《女孝经》的意义和价值，不是我们从其中汲取多少正面思想，而是以严谨治学之心态，鉴别其优劣，知古而明今。

第五　延承

本篇讲述了汉代董仲舒之后，唐宋以降，儒家学说的进一步发展与变革，以张载、程颢、程颐、朱熹等理学家对儒家学说进行了重新解构，其中，也赋予了孝道新的内容。

张载的开拓

张载，字子厚，长安人，世称横渠先生，又称张子。他是北宋新儒学代表人物之一，由于其讲学关中，故又称其学说为关学。

据《宋史·张载传》记载：

（张载）年二十一，以书谒范仲淹，一见知其远器，乃警之曰："儒者自有名教可乐，何事于兵。"因劝读《中庸》。载读其书，犹以为未足，又访诸释、老，累年究极其说，知无所得，反而求之《六经》。

由于张载少喜谈兵，所以范仲淹一见知其远器，便劝其读《中庸》，按照范仲淹的意思，儒学中"自有名教可乐"，何必谈兵。

当然，张载也听从了范仲淹的规劝，遍读诸经。后来，张载常常在京师坐虎皮讲《易》，听从者甚众。一夕，程颐、程颢至，与其论《易》。次日，他又来到讲《易》的地方，告诉那些听他讲课的人说："比见二程，深明《易》道，吾所弗及，汝辈可师之。"意思是，二程对《易》学的研究更为深入，他们可以做你们的老师了。于是他便弃掉讲座，停止教课。由这一小细节可见，张载谦虚、好学之心。元代脱脱在《宋史·张载传》中这样评价他："其学尊礼贵德、乐天安命，以《易》为宗，以《中庸》为体，以《孔》《孟》为法，黜怪妄，辨鬼神。其家昏丧葬祭，率用先王之意，而傅以今礼。"张载在行为上的确是一位厚古薄今的人物，他曾在横渠推行西周的"井田制"，以验其效；又"论定井田、宅里、发敛、学校之法，皆欲条理成书，使可举而措诸事业"[①]。

① 出自《宋史·张载传》。

如果说张载在做派上有点提倡复古的味道，那么，其在学术思想上，却是一位新派人物，他提出"气本论"，故天地万物都是由"气"而构成。其在《正蒙·太和》中指出："太虚无形，气之本体；其聚其散，变化之客形尔。"张载的学术便以这"气本体"唯物主义主张为中心发散而来。故张载论孝悌，已从伦理道德层面，提高到哲学的层面。据其《西铭》一文言：

乾称父，坤称母；予兹藐焉，乃混然中处。故天地之塞，吾其体；天地之帅，吾其性。民，吾同胞；物，吾与也。大君者，吾父母宗子；其大臣，宗子之家相也。尊高年，所以长其长；慈孤弱，所以幼其幼；圣，其合德；贤，其秀也。凡天下疲癃、残疾、惸独、鳏寡，皆吾兄弟之颠连而无告者也。于时保之，子之翼也；乐且不忧，纯乎孝者也。违曰悖德，害仁曰贼，济恶者不才，其践形，惟肖者也。知化则善述其事，穷神则善继其志。不愧屋漏为无忝，存心养性为匪懈。恶旨酒，崇伯子之顾养；育英才，颖封人之锡类。不弛劳而厎豫，舜其功也；无所逃而待烹，申生其恭也。体其受而归全者，参乎！勇于从而顺令者，伯奇也。富贵福泽，将厚吾之生也；贫贱忧戚，庸玉女于成也。存，吾顺事；没，吾宁也。

既然，万物皆由“气”构成，那么天地万物都是平等的，故他说“民，吾同胞；物，吾与也”，意思是所有人都是我同胞，天地万物都与我一般平等。

“凡天下疲癃、残疾、惸独、鳏寡，皆吾兄弟之颠连而无告者也。”即如天下的疲癃、残疾、惸独、鳏寡也是我的兄弟。诚如其在《正蒙·诚明》中所说：“爱必兼爱，成不独成。”

《晚笑堂画传·张载画像》，清代上官周绘。

兼爱说，始于墨子。《墨子·兼爱（中）》记载，墨子曰：“视人之国若视其国，视人之家若视其家，视人之身若视其身。是故诸侯相爱则不野战，家主相爱则不相篡，人与人相爱则不相贼，君臣相爱则惠忠，父子相爱则慈孝，兄弟相爱则和调。天下之人皆相爱，强不执弱，众不劫寡，富不侮贫，贵不傲贱，诈不欺愚。凡天下祸篡怨恨可使毋起者，以相爱生也，是以仁者誉之。”墨子论兼爱以人性、人事角度论，之如“当兼相爱、交相利”；张载论兼爱，则以万物兼爱、万物平等的哲学角度论。无疑，张载的学说给儒家学说，特别是关于孝悌的理论，注入了新的血液，使得孝悌的哲学探讨视野更为广阔。他的哲学理念“把宇宙当作一个大家庭，一切人和物都是平等的”这个命题对于当下而言，对孝道文化的传承、发展和研究，都具有极其重要的价值和意义。

值得一提的是，张载既是这样说的，他也是这样做的。据《宋史·张载传》记载：

为祈州司法参军，云岩令。政事以敦本善俗为先，每月吉，具酒食，召乡人高年会县庭，亲为劝酬。使人知养老事长之义，因问民疾苦，及告所以训戒子弟之意。

大意是，张载在担任祁州司法参军、云岩县令的时候，推行奉养老人的政事，以弘扬孝悌道义。每月吉日，都会召集乡里老者到县庭参加酒宴，并亲自向这些老者敬酒，所谓训诫诸多子弟做人的道理，“使人知养老事长之义”。

张载的政举，与其在《西铭》一文里的思想主张“尊高年，所以长其长；慈孤弱，所以幼其幼”相一致。这也看作是他对自己思想学说的践行。

事实上，他的一生都以“为天地立心，为生民立命，为往圣继绝学，为万世开太平”为做人行事的准则。

二程的延承

二程者，即北宋理学的奠基者程颢和程颐。

程颢，字伯淳，世称明道先生，又称大程。

程颐，字正叔，世称伊川先生，又称小程。

由于二程兄弟主要活动于洛阳一带，因此，他们所创立的学说又称“洛学”。宋代理学起于张载、周敦颐，二程继之，并扩大了理学的影响。所谓理学者，即宋明新儒学，换个说法而已。

《程颢画像》

放宽历史的视野，儒学自孔子以来，有过几次大的变更，中间浮浮沉沉自不待言。事实上，孔子之后，儒学就已经分割，孟子、荀子被视为两大流派，两汉之际，董仲舒颇具现实变通确定了儒学于一尊的地位，诚如班固所言：“罢黜百家，表章（彰）六经”。此时的新儒学又以“经学”的形式，独占鳌头，一度成为两汉的政治理论思想源泉。

儒学以经学的形式出现的时候，孟子一派的学说并不具备实际影响力，而真正具有影响力的是有具有法家色彩的荀子一派。这当然与董仲舒的儒学主张有关，董仲舒的儒学本身就杂糅了法家思想。况且，荀子之学更具有现实指导意义，荀学“主定学术于一尊”思想与董仲舒提出的“推明孔氏，抑黜百家”的思想不谋而合，也能够看出来，荀学在两汉之际的实际影响和地位要比孟子高。

两汉之后，社会又一次进入动荡不安，儒学似乎没落了不少，直到唐宋之际，才再一次进入兴盛时期。这一次的兴盛，源头起于韩愈、李翱。韩愈的《原道》一文，一锤定音，不但抬高了孟子的地位，也使得儒学复兴。

其后，理学的开拓者张载承继韩愈，张载论孝道所言“尊高年，所以长其长；慈孤弱，所以幼其幼；圣，其合德；贤，其秀也。凡天下疲癃、残疾、惸独、鳏寡，皆吾兄弟之颠连而无告者也”，正是对孟子所言主张的“老吾老，以及人之老；幼吾幼，以及人之幼”思想的延伸。

从韩愈到张载、周敦颐，从张载、周敦颐到二程，再从二程到朱熹，以理学形式出现的新儒学的发展脉络已经清晰可见。其中，朱熹对韩愈的《原道》思想进行了归纳总结，并提出“道统”一词，因此宋代理学又称为道学。

二程，师承于周敦颐，思想学说上又承继孟子的“性善论”和张载的“天地之性与气质之性”学说。

孔子的儒学谈人事，不谈自然，或者说，只谈人道人性，而不谈天道。而二程的新儒学却把“天道”和“人道”统一了起来。

在二程的思想里，“所由认取此万物一体者，在我谓之性（或称仁），在外谓之理（或称天）”[①]，“理”即最高的天理、天道，而人的道德标准，比如孝悌，只是天理的一种表现形态而已。故二程认为：“人伦者，天理也。父子君臣，天下之定理。凡一物上有一理，须是穷致其理。”这也是儒学又被称为理学的原因所在。

① 出自钱穆著《国史大纲》。

据《二程集》记载，程颐说：

> 父止于慈，子止于孝，君止于仁，臣止于敬，万物庶事莫不各有其所，得其所则安，失其所则悖。圣人所以能使天下顺治，非能为物作则也，唯止之各于其所而已。

他这句话强调的正是“理”为万物之本，而慈、孝、仁、敬等，只是现实表现形态。故对天理而言，“得其所则安，失其所则悖”。程颐的论述，简言之，“孝”就是“义务”。这也是二程论述孝道思想时的主题观点和立意。在实际运用过程中，二程论孝道之事，着重强调了仁的作用。即要想成“仁”，必须通过孝的“用”，也即必须以实际行动尽孝才能达到“仁”的境界。

《论语·学而》记载：

> 有子曰：“其为人也孝弟，而好犯上者，鲜矣。不

好犯上，而好作乱者，未之有也。君子务本，本立而道生。孝弟也者，其为仁之本与。”

程颢注释时说：“孝弟也者，其为仁之本与！言为仁之本，非仁之本。”[1]程颢表达的意思是“为仁之本”与“仁之本”是有区别的。

①出自《河南程氏遗书》。

程颐的说法，可以解释二者之间的区别，据朱熹《论语集注·学而》记载：

程子（程颐）曰：“孝弟，顺德也，故不好犯上，岂复有逆理乱常之事。德有本，本立则其道充大。孝弟行于家，而后仁爱及于物，所谓亲亲而仁民也。故为仁以孝弟为本。论性，则以仁为孝弟之本。”或问：“孝弟为仁之本，此是由孝弟可以至仁否？”曰：“非也。谓行仁自孝弟始，孝弟是仁之一事。谓之行仁之本则可，谓是仁之本则不可。盖仁是性也，孝弟是用也，性中只有个仁、义、礼、智四者而已，曷尝有孝弟来。然仁主于爱，爱莫大于爱亲，故曰孝弟也者，其为仁之本与！”

二程的意思是，“仁”才是根本。孝悌不过是成“仁”的一个条件而已，简言之，“孝”在二程的思想里就是“做事情”（孝弟是用）。

《程颐画像》

在“尽孝（做事情）”的过程中，二程认为要依礼行孝（事）。“孝”字之上是礼。也即孔子所言的“生，事之以礼；死，葬之以礼，祭之以礼”。

二程的“孝悌”说，归纳起来有两点：

其一，二程把“孝悌”的人伦本质，上升为天道或者天理。这也是二程把“天道”和“人道”统一了起来的实证之一。

其二，孝悌的本质是义务，而这种“义务”务必通过实际行动践行才可。正如《河南程氏遗书》所言：“人无孝悌不可，而不全力以赴尽孝尽悌也不可。”

如果从二程延承儒家学说的角度而言，其有可取之处；如果以其论学之方法——唯心主义加神学，则不敢苟同。由于其唯心主义的神学思想，成为明、清时代的官方哲学，对于近代自然科学史的发展进程影响甚巨。

朱老夫子

朱熹，字元晦，一字仲晦，徽州婺源人，宋代理学家，被世认为“儒学集大成者”，后世尊称为朱子。儒学又称道学，便始自朱熹。朱熹也是唯一非儒家亲传弟子而享祀孔庙者。

淳熙九年（南宋孝宗赵昚年号，公元1182年），朱熹将《大学章句》《中庸章句》《论语集注》《孟子集注》四书合刊，史称“四书章句集注”。元、明、清三代，《四书章句集注》成为科举取士的标准和教材，同时，也标志着朱子学说成为元、明、清三代官方政治哲学。孔子儒学之后，又一学术大家的思想统治了数百年的封建社会，这在中国历史上也是罕见的。

朱熹幼时就天赋异禀，不与常人同。《宋史·朱熹传》记载：“熹幼颖悟，甫能言，父指天示之曰：‘天也。’熹问曰：‘天之上何物？’松（朱松，朱熹父）异之。就传，授以《孝经》，一阅，题其上曰：‘不若是，非人也。’尝从群儿戏沙，独端坐以指画沙，视之，八卦也。”这则史料虽有美化成分，但也描述了朱熹善思好学的事实。朱熹后来治学，的确对《孝经》文本进行了修删，又撰《孝经刊误》一卷，流传于世。

朱熹承继二程理学“理本论”（理，是万事万物之先）和张载的“气本论”（“气”是人和万物产生的最高体系和最初始基），又有所发微阐幽。故朱熹说：“天地之间，有理有气。理也者，形而上之道也，生物之本也。气也者，形而下之器也，生物之具也。是以人物之生，必禀此理，然后有性。必禀此气，然后有形。其性其形，虽不外乎一身，然其道器之间，分际甚明，不可乱也。”[①]这是朱子哲学范畴的最高指导原则，兼收张载的“气本论”，仍以二程理学“理本论”为主，在朱熹看来，理者，万物之先，或者说是万物之本原。

①出自《朱文公文集》。

据《朱文公文集·读大纪》记载，朱熹说：

> 宇宙之间，一理而已。天得之而为天，地得之而为地，凡生于天地之间者，又各得之以为性；其张之为三纲，其纪之为五常，盖皆此理之流行，无所适而不在。

理，天理也。理是三纲五常之本原，换句话说，三纲五常也是天理所定。诚如朱熹所言：“有此理便有此天地，若无此理，便亦无天地，无人无物，都无该载了。”[②]

②出自《朱子语类》。

在朱熹的思想里，“理”也就是一切道德本体了，其论述儒家思想的指导原则也是如此。

因此，朱熹用他的“理本论”阐释了什么是孝，厘定了孝与仁之间的问题。

据《朱子语类·中庸二》记载：

君臣父子皆定分也。鸢必戾于天，鱼必跃于渊。

什么意思呢？意思是，鸢飞、鱼跃是理，是天理，是天定之理。所谓“君臣父子皆定分也”，也是天定之理。这就是朱熹所谓的“至吾儒须辨其定分”。因此，朱熹也把这种理论关系用到“孝”上，也盖出于此。据《朱子语类·程子之书一》记载，朱熹说：“‘天分’，即天理也。父安其父之分，子安其子之分，君安其君之分，臣安其臣之分，则安得私！”分者，“理”的“分殊”也，即天理。父子关系也是一种天分关系，如果你是父亲，那么你就是占了父分；你是儿子，你就是占了子分。故子孝于父，就是天理。反之亦然，天分就是慈爱，这是天理，对待子爱也是一种天理。孝者，即一种天分，一种天理。故此，子孝于父，父慈于子皆是一种天定的义务。据《朱子语类·论语二》记载：

问“孝弟为仁之本”。曰：“论仁，则仁是孝弟之本；行仁，则当自孝弟始。”又云：“孟子曰：‘仁之实，事亲是也；义之实，从兄是也；智之实，知斯二者弗去是也；礼之实，节文斯二者是也；乐之实，乐斯二者是也。’